弱滋味

弱滋味

開瓶之後，
葡萄酒的純粹回歸（經典修訂版）

Breathing between the Wines

林裕森　著
Yu-Sen LIN

新版序

從法國A31高速公路到埔里國道六號

二〇一三年出版的《弱滋味》是寫作生涯中的第二本葡萄酒雜文集，雖只是舊文重編，卻意外開啟了一扇窗，讓一個在台灣出生成長，在法國啟蒙學習葡萄酒二十年的專業作家，開始試著從自身文化出發的反省之作。當年的出版社已經轉而專注於童書繪本，讓這本不適兒童翻閱的酒書只能另謀出路。於是，有了這新版本的《弱滋味》。舊版序文〈自然的味道〉討論的是十年前自然派的樣貌，有些過時了，只好另作一序，談談《弱滋味》的出版旨趣。

將品嘗分為視覺、嗅覺和味覺三面向的「感官分析品酒法」，是葡萄酒世界裡的一套共同語言，甚至是價值基準，全球各地的釀酒師、酒評家與葡萄酒迷們都可以在此品嘗系統中互相理解溝通，也讓葡萄酒的評斷有客觀與量化的可能。這是一九九三年我在法國葡萄酒大學的第一堂課所學到的，近三十年來受益良多。但當開始投注心力在不是那麼經典主流的產區或品種時，這套品酒法的框限就會開始出現，特別是這套系統中暗藏著一套古典主義式的審美觀，特別偏愛結構嚴密、酒體深厚，比例均衡、耐久綿長的價值，而常忽略和貶低其他葡萄酒裡的多樣美貌，如簡約樸實，如沉靜內斂，如淡淨素雅的迷人風味。

這樣的體驗在一次拜訪日本勝沼的酒鄉旅行上，倏地轉為文化上的強烈衝激，幾款如水般純淨的甲州葡萄酒深深地吸引我，例如中央葡萄酒的茅ヶ岳，只有十一%的酒精度，顏色透明如泉水，飄著淡淡的柚子香，喝來輕巧多酸，生動靈巧的清麗酒體，為味覺帶來如潺潺溪水般，自然寧靜的安定之感。但我卻要使盡力氣地將如魔咒般不時浮現的品酒考量如：香氣變化、酒體均衡、質地結構、多變層次、綿長餘味等等一一推開，才能允許我靜心地欣賞這些酒的美貌。

在我跨過四十歲之後，偶然間，會在酒裡感應到生命活力，也才開始理解到過往所學，只拘泥於酒的外在形體，反而遺失了將葡萄酒視為生命整體的能力。也才領略到酒體輕盈纖弱，其實也能有強大的生命力道，只是在過去的學習歷程中，為知識體系與釀酒學原理所遮蔽而無能探見。因為是從侍酒師的課程開始學習葡萄酒，讓我至今仍一直相信葡萄酒最終的本質是佐餐的飲料，若無能在餐桌上扮演角色，再偉大難得都是枉費。只是，在學習葡萄酒的歷程中，一再地發現許許多多備受推崇的經典珍釀卻都背離了這樣的本質，而最不受到關注，最常被貶抑的，卻常是最適切的理想佐餐酒。

也許因為這諸多因個人的人生體驗而起的，對於葡萄酒價值體系的反思與疑惑，讓我更能理解與體認在十多年前逐漸崛起的自然派葡萄酒革新運動。從表面上看，自然派主張在釀酒時盡可能減少技術操弄和不添加葡萄以外的東西，似乎是站在現代釀酒學的對立面，但從我自身經歷的角度看，這更像是為過度依賴釀酒科技的葡萄酒業，提供一面照見不足的珍貴明鏡。

從布根地的夜－聖喬治市（Nuits St. Georges）前往伯恩市（Beaune）的A31是我人生中最熟悉的高速公路，每年少則數十回，多則上百回，因趕採訪酒莊行程，一日間數趟來回更如家常便飯。但武漢肺炎的疫情改變了一切，踏不出國境，能訪的只有台灣島上的酒莊。二〇二一年六、七月間的採收季，每日從彰化八卦山上的老家沿著國道六號開車前往埔里史港坑的威石東酒窖，竟然也開成了在台灣最熟悉的高速公路路段。

布根地是生涯中的啟蒙地，讓我領會了酒中風土解碼的意義，並建構成心中的葡萄酒風味座標。但這幾年因為「喝　自然」葡萄酒展的策展需求，跟台灣的酒莊進行多次的釀酒實驗計畫，慢慢釀成一些順應環境現實的弱滋味酒風。位處亞熱帶的濕熱島嶼，台灣是葡萄酒釀造最邊緣，也最艱難困頓之所，沒有優質品種，葡萄大部分時候都難以健康完熟。大概只有選擇適應與讓步，願意坦然面對不足與缺陷，方有機會釀成值得這般耗費心力的酒來。在葡萄酒的世界兜轉了一大圈，卻在起點處領會到風土的滋味其實是由諸多不得已所拼湊成的，而順應自然的深意正蘊涵於其中。

《弱滋味》的出版是我葡萄酒人生裡的轉折點，時時催促著不能只是學習和複製，不能只是遠觀，在過去的八年裡，耗費最多時日，最全心投入的，都是因「弱滋味」而起，葡萄酒與台灣在地生活相連結的實踐：尋找國民葡萄酒，釀造在地自然酒，自然派葡萄酒運動，要讓越來越自由開放的台灣社會，包容更多元多樣的酒風，也為更貼近生活的葡萄酒多留一些空間和增長茁壯的養分。也為我自己，在我所熱愛的葡萄酒中，找到一個足以安身立命的廣闊草原。

目錄

貳／輕價值

肆／飲酒小物

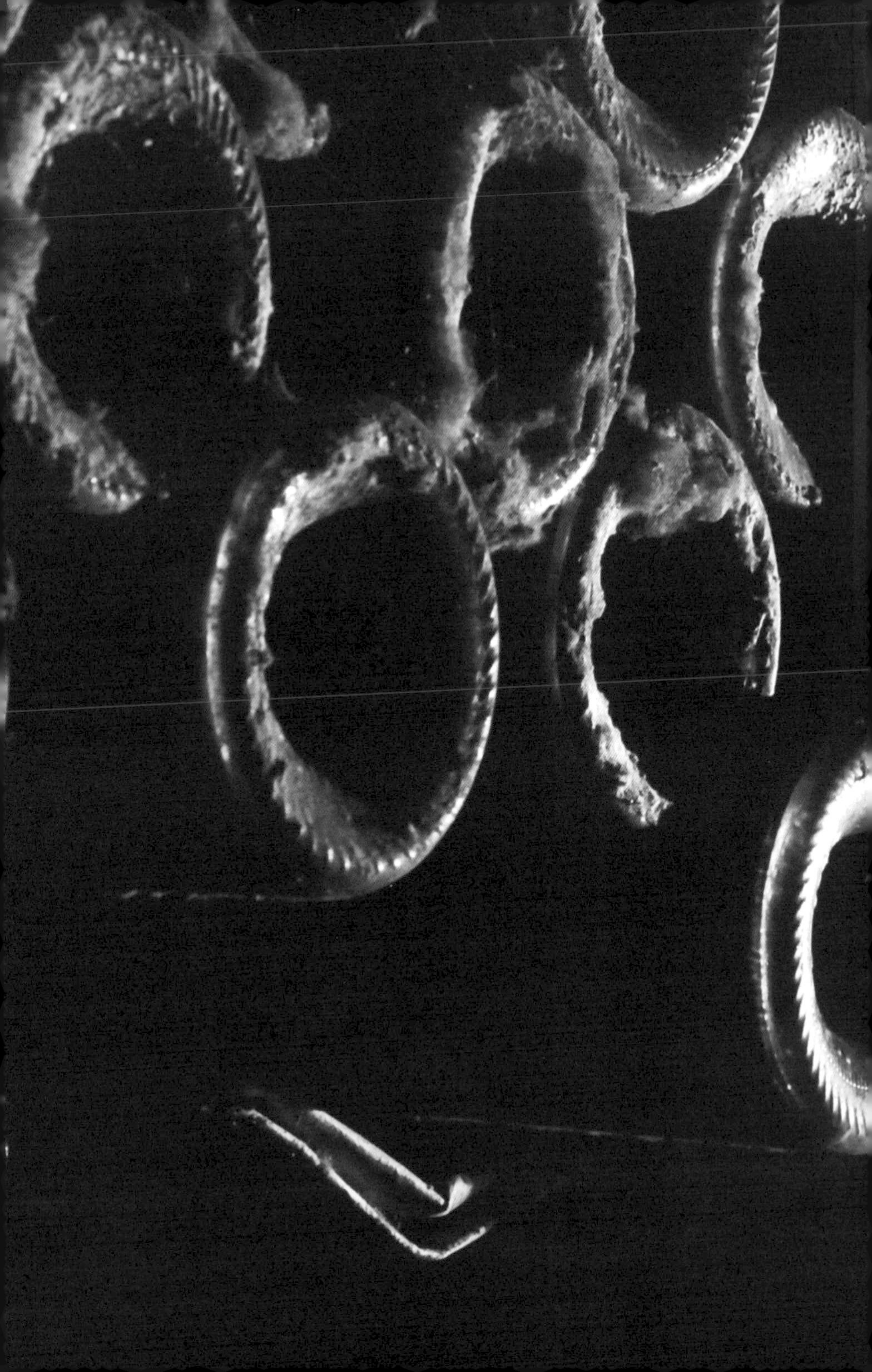

part 壹

弱滋味

大半的青春全都揮霍在葡萄酒裡了，才赫然發現辛苦習來的釀酒真理並非永恆唯一。需要一點缺憾與不足才能醞釀成平凡卻刻骨銘心的完滿滋味。香氣低弱，滋味淡薄，方能在杯中映出更多美麗的光影。到處都是巍然聳立的神殿，如何才能在越來越擁擠的葡萄酒世界裡，換回一座樹林和一方涼蔭？

滄桑歲月的滋味

「這個女人儘管五官端正，化妝巧麗，但也掩不住歲月深深刻劃的痕跡。而且絕對不是溫柔的歲月刻劃出來的，很明顯地，是滄桑的歲月。」——江國香織《左岸》

溫柔的歲月和滄桑的歲月，會在葡萄酒裡留下什麼樣的歲月痕跡呢？

葡萄酒在每個年分之間的差異，因產區而有所不同，有些地方天氣常年規律穩定，如阿根廷的門多薩（Mendoza），不同年分間的差別並不特別明顯。但在氣候較不穩定的地方，如法國的布根地，一年之間的冷熱晴雨，常會刻劃出迥然不同的風味，這裡指的並不僅是單純的好與壞，最迷人的，是各年分產的酒都有著一份獨有的面貌與個性，在葡萄採收與釀造的時刻，這些面貌與個性往往就如命定一般，已經被烙印在葡萄酒裡，成

這一小片種在懸崖邊上的蜜思妮（Musigny）特級園，土少石多，葡萄的根幾乎無處伸展，遇乾旱之年，葡萄都要歷經乾渴的折磨。

了永遠抹不掉的痕跡。

在風調雨順，或者說，陰晴雲雨全都適合葡萄生長所需的平順年分，葡萄得以安然無憂地在沒有生存壓力的環境中順利成熟，這樣釀成的紅酒，就像是乖巧又有教養的小孩，常顯得特別柔和勻稱。布根地二〇〇九年分的黑皮諾紅酒，正是這樣一個溫柔歲月所刻劃成的年分，即使酒體深厚，結構嚴謹，但在還未完成橡木桶培養前，就已經出乎意料的可口易飲了。

類似的天氣表現，也在波爾多釀出頗接近的風格，儘管被稱為世紀年分，卻在新釀成時就可口易飲，完全沒有偉大年分的堅硬與霸氣。而原本就以美味著稱的薄酒來，在這樣的天候下更是加倍可口。

然而，遇多災之年，如乾旱、酷暑、強風、冰雹等，葡萄遭逢因極端天氣帶來的生存壓力，而產生不同的反應，就會在酒裡留下一些滄桑的味道。例如二〇〇五年，即使也名列世紀年分，但是採收季前的乾旱少雨，其實讓許多黑皮諾選擇停止成熟，造就了皮厚多單寧的葡萄。雖然晚來的雨水讓葡萄最後完滿成熟地採收，卻在酒中留下扎結多澀的單寧。二〇〇三年分，許多黑皮諾亦因酷熱高溫的折磨而中止成熟，即使最後葡萄因水分蒸發而變得相當甜，但看似圓潤濃厚的酒體背後，其實亦刻印著粗獷的單寧，幾年之後都一一顯現了。

相較於條件完美的年分，我心愛的，常是那些走過風雨、帶著滄桑感的個性年分。例如夏季寒冷多雨，且冰雹肆虐的二〇〇四年布根地。當葡萄為冰雹所傷，會分泌修補的汁液來包覆破損的皮，這些汁液常帶著青草氣味，俗稱的「冰雹味」就是因此而來。即使九月突然變得溫暖多陽，但二〇〇四年釀成的黑皮諾仍帶著一分蕭瑟感，酒體偏瘦且多酸，並不時飄散出青草味。

這些年分的刻痕，並不容易隨著時間而隱去。同樣是因乾旱而極度粗澀的一九七六，現在即使稍有軟化，卻仍常顯閉鎖。一樣多雨寒冷的一九八六，雖已成熟適飲，但仍然冷調多酸。要不是因為比較便宜，少有人會想買這些不完美的葡萄酒。

不過，如果不是急切地把美味可口當成唯一的價值，也許慢慢可以理解，就是因為這些不完美，因為這些滄桑歲月刻劃成的滋味，讓我們在酒裡才得以瞥見充滿生命力的迷人面貌。

貼身的私密滋味

「葡萄酒有如液體的音樂，用太多的語言和文字來詮釋，常常遮掩了品酒的真正樂趣。」——Denis Dubourdieu（1949-2016）

從布根地回台，途經巴黎，參加了一場關於「永恆青春」的品酒會，標題看似聳動，其實談的跟喝的，只是極耐久放的貴腐甜酒，絕非回春祕方。主講人是Denis Dubourdieu，他是波爾多大學教授，也是知名釀酒顧問，今日波爾多白酒釀造的典範正是由他在一九九〇年代建立的，但他同時也是列級酒莊Château Doisy Daëne的第三代莊主。因為同時兼具三個身分，讓這場演講顯得特別精彩，甚至發人深省。

品酒會的主題當然是莊主帶來的四款貴腐甜酒，有最新的偉大年分二〇〇七，有極為

酒莊主Denis Dubourdieu在一九四九年的採收季前出生。這瓶由他父親釀製的Ch. Doisy Daëne不僅有燦爛的香氣與充沛的活力，而且似乎比同年出生的莊主還要年輕許多。

CRU CLASSÉ EN 1855
Château
SAUTE
APPELLATION
1949
P. Dubourdieu
MIS EN BOUTEILLES

傳奇少見的L'Extravagant，也有Dubourdieu自認至今全波爾多成熟最慢、風味最新鮮的一九九〇年Doisy Daëne，但其中最引人注意的，莫過於由他父親Pierre釀造的一九四九。

Denis透露，他自己就是在這一年的採收季前出生的，也許Denis想藉此表達，好年分的貴腐甜酒比他還經得起歲月的磨練。透過這樣一個六十一年的例子，讓我們體驗到即便歷經如此漫長的瓶中熟成，葡萄酒不只仍充滿活力，而且還保留著年輕健康的青春氣息。同時，也許更珍貴的是，因為時間，年輕時的濃甜厚重竟能幻化成輕盈的均衡質地，精巧迷人。

Denis並沒有用太多文字來描述與詮釋這瓶相當難得的精彩甜酒，因為他深信葡萄酒自能透過香氣與口感表達自己，傳遞美味的訊息，品飲的樂趣也正在其中。他甚至認為專家對一瓶葡萄酒的評析與詮釋，反而破壞了飲者與葡萄酒之間極親密貼近的關係，讓葡萄酒歡愉享樂的一面被掩蓋住。就好比聆聽音樂一般，談論太多的樂評，並不一定能為聽者帶來更多的感動與聆聽樂趣。Denis說：「也許，我們可以將葡萄酒當成液體的音樂來欣賞。」

如此想法確實深得我心，雖然傳遞來自葡萄酒的訊息一直是我過去二十年來的主要工作，但我始終相信，葡萄酒的品嘗與好惡可以是私密與個人的事，這之間，並不一定要假手他人。專家的酒評也許可以幫助我們發現一些未曾注意到的細節，卻也可能讓我們忽略了自己的感官與葡萄酒之間的直接感應。而如此親密貼身的品飲關係，正是葡萄酒樂趣的泉源所在。

每一則品酒筆記，其實都只是某一瓶酒在某一個時間點中被記錄下來的畫像或照片。也許，有人極具天分地可以捕捉到永恆的瞬間，但都不可能取代生命本身，特別是像一九四九的Château Doisy Daëne這樣充滿生命的酒。

Dubourdieu先生的一席話，和這樣一瓶酒，如是成為今年最美味的啟發。

弱滋味

「天下莫柔弱於水，而攻堅強者莫之能勝。」——《老子道德經》

永垂不朽常常是人類追尋的終極目標，在葡萄酒的世界亦然，很少有不耐久放的葡萄酒可以進得了頂級酒之林。

許多人深信，唯有剛健強固的葡萄酒才能經得起數十年的瓶中熟成，才能慢慢地變化出迷人的陳年滋味。有如比例協調、雄偉穩固的希臘神殿，歷數千年而不倒，許多恆固耐久的葡萄酒，如Pauillac、Barolo、Hermitage、Brunello di Montalcino和Ribera del Duero這些歐陸最經典的紅酒，也一樣有著強健的酒體與嚴密的結構。

這些酒確實常能歷數十年而不壞，不只屹立不搖，而且還變得更加美味迷人。這是葡

丸藤葡萄酒廠的小維鐸紅酒產自僅有〇．一三公頃的滝の前葡萄園，年產僅數百瓶。雖採西式的樹籬種植，但仍為葡萄裝設遮雨的透明棚子。

萄酒世界裡最完美的古典美貌，即使是貴腐甜酒中的索甸（Sauterne）、白酒中的蒙哈榭（Montrachet），以及加烈酒中的年分波特，都帶有同樣的酒風與格局。

但是，看似屹立不搖的巨大石柱，卻不一定比隨風飄搖的竹架更經得起地震與風雨的摧折。沒有厚實酒體與堅固架構的葡萄酒，就一定經不起時間的考驗嗎？

許多看似柔弱清淡的葡萄酒，如澳洲獵人谷的榭密雍（Sémillon）白酒、德國摩塞爾（Mosel）河谷僅有七％酒精度的Kabinett麗絲玲（Riesling），或如法國布根地看似清淡脆弱的一般等級的黑皮諾紅酒，以及薄酒來以加美釀成，非常適合年輕早喝的淡味紅酒，其實都常有超出想像的驚人耐久潛力，不只是十數年，常常是數十年。

這些看似輕易簡單的葡萄酒，大多沒有宏偉格局，也不以永垂不朽為存在目的，不太需要等待，在年輕時就已適飲，相當貼近人性與日常生活。和有著偉大企圖與格局的雄偉型珍釀相比，這樣的酒反能帶給人們更多愉悅感受，不會剛性強硬地主宰味蕾，不僅更易親近，也顯得更加樸真，無刻意強求之力，反能有著與自然相合之感，也許因而蘊含了更多溫柔卻堅定的力量，以生生不息的方式延續永存，而非強求剛直的屹立不搖。

過去二十年來，深陷於以理性主義為基底、非常講究古典主義的西方葡萄酒審美觀中，因而帶著許多難以破除的成見。但對葡萄酒的認識越多越深，卻讓我得以欣賞更多樣風格的葡萄酒，也越著迷於酒中的弱滋味與淡、淨、素、雅的價值，特別是在外張的酒風之外見到內斂之美。

丸藤葡萄酒（Rubaiyat）是一家位在日本山梨縣勝沼町的百年老廠，除了釀造帶著清簡禪風的甲州白酒，也以小維鐸（Petit Verdot）聞名。這個源自波爾多梅多克（Médoc）地區的品種，在原產地因個性強烈且不易成熟，常只能少量添加，以免破壞波爾多紅酒的優雅。近年來被種植於較溫暖的地區，如西班牙中部高原，卻常能釀成圓熟飽滿的濃厚型紅酒。但丸藤的莊主大村春夫卻說，那樣的成功其實只是假象。

我帶著懷疑，品嘗他在潮濕寒冷的勝沼所釀成的二〇〇八年小維鐸，但很快地，我的眼中充滿了景仰與讚賞，那是我未曾喝過，屬於輕量級，卻極為優雅精巧的小維鐸。

大村春夫載我到火車站搭晚班車回東京，他提醒我，小維鐸雖晚熟，但也喜愛潮濕的土地。在十九世紀時，波爾多近河岸邊的濕地生產一種非常受歡迎、稱為濕地酒（Vins de Palus）的清柔紅酒，而小維鐸正是當時生產這種紅酒最重要、品質也最佳的品種。但在現今的波爾多，小維鐸大多種在排水佳的礫石地，釀成非常濃縮卻不均衡的粗獷紅酒，不只不適合單飲，連調配都只能極少量添加，這會是小維鐸的原真本性嗎？

意外地，在這葡萄酒最邊陲之地，卻讓我得以放下成見，體認到弱滋味的迷人美貌。

罰站的滋味

這篇文章是為吳太太所寫的。她是我小時候家庭醫師的媳婦，最近因為買了一瓶直立站著的西班牙利奧哈（Rioja）紅酒，和先生吵了一架。她不平地說：「這支酒明明就很好喝。為什麼就只因為站著存放，就認定我買的酒有問題！你們男人為什麼不先喝過再說？」

在開瓶之前，躺著，一直是人們希望葡萄酒該有的姿勢，為的，其實是那一只封瓶用的軟木塞。如果是金屬旋蓋或塑膠塞封瓶的葡萄酒，要躺要站應該都不是問題。唯獨軟木塞，橫躺著的時候，可以讓木塞的一端泡在酒液之中，軟木可常保濕潤不乾縮，比較不會有滲漏和氧化的問題。不過，躺著並非唯一，有時更不是最佳的解決辦法，有些葡萄酒站著也一樣可以保濕，例如氣泡酒。

一直躺著的酒，就別再讓它們站起來了，曾經泡濕過的木塞會乾縮得更快。

大約從四年前起，我酒窖裡的香檳就全都是立正站著。根據香檳酒業公會CIVC做的一項實驗，在香檳完成除渣、封瓶之後，分兩批各採直立與打橫存放，經過三年與五年之後開瓶檢驗，發現直立存放的香檳軟木塞較無萎縮的現象，而且更有彈性；但實際試飲之後，無論是直立還是橫躺存放的香檳，風味上並沒有差別。這個實驗如果能再進行十年，也許就能有更明確的解答。

二氧化碳比氧氣重，讓香檳站著的好處，在於可讓二氧化碳留在瓶頸的地方，以防止氧氣進入。其實，在超過五個大氣壓力的瓶中，即使軟木塞沒有接觸到葡萄酒，也一樣能保持潮濕。氣泡酒因為需要直徑較大的軟木塞，必須使用膠合的軟木，只有跟酒接觸那一面，有一、兩層的天然薄層，在技術上較容易消毒。一般香檳很少發生受到TCA（三氯苯甲醚）感染而產生木塞味的問題，但無論如何，軟木塞不和酒泡在一起，更能避免木塞味的問題。因此，氣泡酒橫躺的好處，也許只剩下比較不占空間吧！

如果是一般無氣泡的葡萄酒，倘若考慮的是密封而不是保濕，一直站著也絕不會是最差的選擇。潮濕的軟木因為有彈性而具有極佳的密封效果，失去水分之後雖然會失去彈性，但同時也會變成相當堅硬的材質。一直都站著的葡萄酒，其軟木塞逐漸變乾之後，常像一塊硬木般牢牢封住瓶口，雖然常因失去彈性而卡得很緊，需要費很大的力氣才能拔出木塞，但密封效果並不差。

在義大利西北邊的皮蒙區，常見傳統酒鋪或酒莊以直立的方式保存葡萄酒，即使是數十年的陳釀，酒況都不差，木塞也較躺著的來得堅固。更重要的是，一直站著還可以免除感染木塞味的風險。

無論或站或躺，三心兩意恐怕才是最糟的保存法。經年跟酒液泡在一起的軟木塞，經過數年或數十年之後，細胞壁構成的氣室已經逐漸泡滿酒液，慢慢變得越來越脆弱，失去彈性，甚至腐朽。如果躺了很長的時間之後，又再換成站姿，軟木塞將因失去水分而開始乾縮，不僅無法密封，最嚴重的甚至會完全脫落掉入瓶中。

葡萄酒的問題就像夫妻之間的小爭吵，少有是非對錯，站著或躺著，其實各有利弊。但罰酒站著的滋味，不一定就是最苦澀。

夏多內（Chardonnay）白酒一倒進杯子裡，就開始散發出如火藥般的氣味，在靶場裡常聞得到的那種，子彈擊發後的一陣煙霧中，帶著煙硝、石墨和一點硫磺般的氣味。這樣的火藥氣，掩蓋了酒中的果香，隔了很久，搖杯多次後才開始緩慢消散，露出檸檬皮與西洋梨的香味。

這樣的火藥味，如果隱約一點，會跟拿兩塊打火石擊打出火花時的燧石氣非常相像，而且常出現在某些干白酒裡，例如產自法國羅亞爾河松塞爾（Sancerre）區的白蘇維濃（Sauvignon Blanc），那裡有些葡萄樹的確就長在布滿火石的山坡上。這種火石氣味出現在干白酒裡時，會被認為是很有個性，彰顯土地特色的礦石系香氣——至少，很多書上是這樣寫的。

尤加利樹種類頗多，其葉子的精油香氣也各有強弱，最驚人的是Blue Gum，如果離葡萄園太近，很難讓釀成的酒不帶草葉味。

但是，當在釀造白酒時，添加較多抗氧防腐的二氧化硫，再結合一點橡木桶的煙燻味，也會產生像火藥或打火石般的氣味。發酵時因缺氮造成的揮發性硫化物也會有類似的氣味。花了三千多台幣買了這樣一瓶夏多內白酒，你是否也跟我一樣，想知道這火藥味究竟是地方風味的極致表現，或者，只是釀酒上的小過失？

澳洲紅酒中，常常飄散著尤加利葉的植物系草香，這確實是很符合澳洲風味的味道。但如果問澳洲酒廠的種植主任，他們會很誠實的說，那只是肇因於葡萄園邊的尤加利樹，綠葉上的精油隨風飄進葡萄園裡，沾染在葡萄皮上，在釀造時也跟著被泡進了葡萄酒裡。

英國葡萄酒作家Antony Hanson曾經說，上好的布根地紅酒聞起來都有一些屎味。現在，我們知道這些有如走進鄉間牧場時所嗅聞到的泥巴混著牛糞的農村氣息，其實只是因為葡萄酒遭受一種稱為酒香酵母菌（Brettanomyces）感染所引起的，並非布根地的黑皮諾所獨有，也不是來自布根地的風土特性。

當葡萄酒裡的一些神祕與浪漫背後的真相被揭開時，我們該如何面對過去對特定風味葡萄酒的迷戀呢？

做為一個葡萄酒作家，在酒鄉與酒莊間探尋葡萄酒風味背後的原因，占據了我二十年來最多的工作時間。但我必須承認，葡萄酒世界裡的因果關係，並非只是單純的科學命題，不只有許多不可知，也沒有絕對的真相與標準。才剛找到一些解密的蛛絲馬跡，常常很快就會被另一個完全相反的例子所推翻。比如，不加二氧化硫、沒有橡木桶培養的白酒也會有火藥味，沒有一棵尤加利樹的葡萄園也會釀出極類似的葉子香氣，也不是只有酒香酵母菌會讓酒產生毛皮與糞土的氣味。

解密的過程常常只是讓我們面臨更難解答的謎團。也許，葡萄酒也必須被視為是一個整體，任何一部分都環環相扣，一項科學的解釋只是對葡萄酒一個單獨面向的解答，卻很可能創造另一個誤解。還是讓葡萄酒留著一些神祕吧！我的意思是說，把葡萄酒攤放在顯微鏡下，並不一定更能讓我們看清楚葡萄酒本身，也絕對不會讓我們因此從葡萄酒中找到更多樂趣。至今，那些帶著火藥、糞土與尤加利葉氣味的葡萄酒，仍然讓我留下許多美妙的品飲經驗。

Terry Theise說：「喝葡萄酒要像做白日夢般釋放自己的想像力。如果只是不斷試著剖析以證明自己的味覺有多靈敏過人，那真是糟蹋了葡萄酒。」

階級的滋味

將法王路易十六送上斷頭台的大革命，已經是三個世紀前的事了，但是，講究出身的年代卻並未真正遠離，在葡萄酒業的世界裡，階級之間的流動也一樣並非純然自由開放。我說的並非葡萄酒本身，而是那些種植釀造、賦予葡萄酒生命的人。自耕小農、地主富農、貴族世家與財團巨賈都釀得出精彩好酒，但其迷人之處卻大不相同。葡萄農工匠式的手造葡萄酒與精密分工的專業釀造之間，會是什麼樣的不同滋味？

雖屬農產加工，但葡萄酒業卻也可以是高度專業分工的產業，從耕作到銷售之間的無數過程，都發展出專業的學科與部門，無論是酒廠、酒商或酒莊，莊主為了精益求精，都盡可能聘任專業的人才來負責各項工作。例如波爾多的城堡酒莊，莊主大多是住在城市內的資產階級，酒莊事務完全委任總管處理，而種植、釀造、公關、會計甚至園丁、

雖然隱身在近河岸的村子邊緣，但梧桐樹道盡頭的瑪歌堡仍難掩氣派與威嚴。圍繞著城堡的，不是葡萄園，而是有如小村落的酒窖、木桶廠、鐵匠鋪和葡萄農舍。

廚房和管家，都有專業團隊負責；另外也會聘任知名的釀酒顧問協助葡萄酒的調配，群策群力的目標在於無論好壞年分，都要釀造出最完美協調的葡萄酒。喝這些酒，常讓人有放心的感覺，這種安全感的強烈需求，正是保守意識型態的泉源。

在葡萄農自己經營的小酒莊裡，莊主常常一人兼任酒莊內所有大小事務，在布根地就有最多這樣的酒莊，即使連Coche-Dury或Claude Dugat這些世界級的明星酒莊，莊主和家人都仍親自入園耕作，並且自己釀造，一點一滴做著需要勞動身體的工作，不輕易假手他人。

相較於各有所長的專業團隊，葡萄農一人獨攬全包，而且限於自有的小片葡萄園，較難在每個年分都能釀成完美無缺的葡萄酒。但也許就因為這一分不完美，讓葡萄農釀出的葡萄酒顯得更具人性。畢竟，許多迷人的獨特個性常常源自於看似缺點的地方，因為有所不足，反而具有生命刻痕的美感，成為更能感動人心的葡萄酒。不過，這分不足，也常會以大失所望收場。

葡萄農現在或許還稱得上是個迷人的浪漫職人，成為都會雅痞的逐夢行業之一。但在過去數千年間，葡萄農卻是酒業裡最底層的卑微角色，在中世紀，他們只是為貴族與天主教會耕作葡萄園的工人；十八世紀，富有的布爾喬亞階級興起，他們購置葡萄園，開設酒商，獨占酒的銷售，葡萄農釀的酒也整批悉數賣給酒商，不曾出現在市場上。

一次世界大戰後的一九二〇年代才有了一些轉機。連年蕭條使得葡萄園與酒價大跌，酒商引進廉價酒冒充，導致名聲毀損，葡萄農被迫自尋生路，才催生了強調自產自銷的葡萄農葡萄酒（le vin de vigneron）。透過媒體的鼓吹，「酒莊裝瓶」這個新觀念逐漸散播開來，名聲才開始凌駕於酒商之上。

如此帶著社會與人本主義精神的生產結構，即使歷經嚴酷的商業競爭，卻意外在歐洲葡萄酒業中留存下來。葡萄酒的品味喜好常因社會階級而異，分屬不同階層的酒莊主，釀成的葡萄酒也常帶著不同的階級滋味。葡萄農曾是酒業中最卑微的社會階級，現在卻和出身尊貴的歷史名莊與數百年基業的酒商們，同樣都能成為帶著光環的明星，不同的是，葡萄農的酒中除了美味，還因為多了一分手作的精神，而帶著更溫暖的人味。

空靈的滋味

在葡萄酒的世界裡，淡、淨、素、雅從來不是酒評家所著重的主流價值。講究的，一直是酒香的濃郁與複雜，是酒體的結構與飽滿度，除了均衡，也在意是否能堅實耐久，是否餘味綿長，沿襲著一套非常理性主義的古典審美觀。即使後來有美國酒評家崛起，也只是在此基底上，直白的將葡萄酒引領到更享樂主義的風味，要層層堆疊，讓味蕾全部被填滿。

一直期盼，在香氣馥郁多變、濃厚結實之外，也能有清雅簡單，有更多留白的葡萄酒風出現，或者說，如山風吹過味蕾般的寂靜之味。

確實，有些白酒產區，如澳洲獵人谷的榭密雍（Sémillon）或法國布根地的夏布利（Chablis），有時略能展露低調內斂的迷人風味。但產自日本勝沼產區，一些以甲州葡

鳥居平園是勝沼最早種植甲州葡萄的歷史名園，有一千三百年歷史，位於向陽陡坡之上，是勝沼的 Romanée-Conti。

甲州
鳥居平畑
A VINEYARD
ION IN 1923, GRACE WINE
ING ITS OWN GRAPES

萄釀成的白酒，也許在國際上不是特別知名，卻是淡雅清幽之味的最佳體現，有著任運自然般的完美，也多了一分因留白而衍生的味覺妙趣。更發人省思的是，這樣迷人的風味卻是因著缺陷與不足，才得以醞釀出帶著一些缺憾的完滿滋味。

由於過於潮濕，種植葡萄歷史超過千年的日本諸島，其實稱不上是優秀的葡萄酒產區。東京西邊七十公里外的山梨縣，因有富士山阻隔了一部分來自太平洋的水氣，形成一個較為乾燥的盆地，雖不是完美適宜，但已是日本最重要的葡萄酒產區，特別是東北邊的勝沼町，聚集了最多葡萄園與酒廠。但即使在勝沼，雨量仍超過一千公釐，還常有颱風帶來傾盆般的豪雨，葡萄難成熟，也容易染病。在如此環境中，表現最好的並非國際名種，而是日本特有的甲州葡萄，因有無懼黴菌的厚皮，更能適應當地氣候。

不過，甲州稱不上是優秀葡萄品種。成熟慢，甜度低，即使在沒有颱風的好年分，也少能達到十二%的酒精度，酸度中等、有時甚至還偏低，香氣也不多，屬於較為中性的品種，帶著些柑橘類或柚子果香，但並不明顯。甲州的厚皮中更含有非常多的單寧，在榨汁時容易釋出，使得釀成的白酒常帶有澀味，甚至轉為苦味。從歐美的標準來看，都算是致命缺點。

早期的日本釀酒師常將甲州釀成帶有甜味的白酒，以掩蓋苦味與單薄的酒體。一直到晚近才開始直接面對甲州的本真特性，運用習自全球各地酒業或傳統、或前衛的各式釀法，來詮釋這個非常日本的品種，那些致命缺點，現在看來卻都成了珍貴的特點。

勝沼的Grace Wine是一家只專精於甲州的精英廠，負責釀造的，是曾經在法、澳與南美學習釀造的三澤彩奈。她從澳洲的榭密雍白酒習得「少不見得只能是缺點」的深義，釀出的酒似乎都帶著一股禪意，乾淨而純粹，很能表現甲州的淡雅風格，其中包括許多酒精度只有十一%的白酒，有時甚至更低，雖然遠低於全球名酒的常態，卻反成特點。

甲州特有的厚皮與澀味，釀成的白酒有堅硬的背脊，精巧卻有力，甚至質地帶點咬感，讓喝來清淡素淨的白酒並不會淡而無味，反更顯生動明晰，這也是清淡脆弱的甲州其實頗具耐久潛力的原因。丸藤葡萄酒公司就保留了頗多陳年的甲州，即使陳放十數年，亦常能保有新鮮與年輕。

較低的酒精，有時藏隱不發的酒香，滄瘦的酒體以及略微的澀味質地，是甲州顯現原質自然的本性。在西方酒評家眼中也許流於簡單，但放之於和敬清寂的日本茶道，以及講究簡單與原味的日本料理之間，同樣以素雅簡樸見長的甲州白酒也演繹出日本獨有的精髓。歷經千年，現在的甲州葡萄酒不只是日本的道地風土產物，也為葡萄酒世界增添了一幅極簡留白，卻似遊賞不盡的酒中風景。

持久的壞年分

如果你只愛喝年輕的紅酒，也許可以完全忽略這一篇文章。

一九六八年，布根地六〇年代被認為最糟糕的年分。採收季下了兩星期的雨，葡萄不僅沒熟，許多還感染了灰黴菌。那一年，伯恩濟貧院甚至沒有舉行拍賣會。**Jacky Rigaux**是住在布根地的葡萄酒作家，他在書中提到，二〇〇三年時**Dugat-Py**酒莊莊主**Bernard**請他品嘗一九六八年的哲維瑞—香貝丹（**Gevrey-Chambertin**），此酒三十五年後喝起來竟然還新鮮堅固，**Bernard**甚至還開了另外一瓶以確定是否拿錯年分。這只是一個偶然的例外嗎？

一九五六年，布根地歷史上最冷的一年，因為遭遇多次寒害，葡萄產量極少，甚至無法成熟。伯恩濟貧院同樣因為酒質不佳而取消了拍賣會。五六年的產量極少且被認為脆

這年的九月連續下了二十五天雨，許多葡萄都感染黴菌，理論上是一個早該被遺忘的年分，不過，至今依然美味的一九七五卻非少見。

弱無法耐久，大多趁早喝盡，很少留存下來，若有留存，也幾乎被視為毫無價值的敗壞劣酒。

一九六四年才加入釀酒的Aubert de Villaine告訴我，他父親Henrie講過，一九五六年是他一生中遇過最糟的年分。Aubert走進旁邊的酒窖，拎了一瓶五六年分的Richebourg出來。開瓶品嘗之後，我也懷疑是否拿錯年分了。四十多年的黑皮諾顏色雖淺淡，但熟果與菌菇的香氣只能以奔放來形容，口感絲柔滑細，我只能說，真是好喝極了。午餐時再喝，仍然新鮮多香毫無疲態。

什麼是決定一瓶酒可以耐久放的關鍵？許多葡萄酒專家及知名釀酒師都有些定見。但是，我卻越來越不確定了。

教科書告訴我們，在不甜的紅酒中，多酚的含量越多，特別是單寧越多的時候，酒就越能久存。所以在黑葡萄中，色深多澀的卡本內蘇維濃和希哈被認為會比色淺皮薄的黑皮諾以及格那希耐久。而葡萄比較成熟、顏色較深的年分，自然也被認為比較耐久存。但是，這是葡萄酒經得起時間考驗的必要條件嗎？我也懷疑黑皮諾即使成熟得較快，但耐久潛力真的比不上卡本內嗎？而葡萄不熟的壞年分也許早一點可以喝，但真的比較不耐久嗎？

一九七〇年代，加州那帕谷地的葡萄酒業才剛要興起，當時許多酒莊效法波爾多的釀酒規範，大部分的卡本內蘇維濃都在十二．五％左右的成熟度就已經採收，和今日注重單寧成熟度、延遲到動輒十四．五％或十五％才採收的那帕紅酒，完全是兩種不同風格的葡萄酒。

經過了三十多年，現在回頭去喝當年的卡本內蘇維濃，我不免要想，那帕谷的黃金時代也許應該是在三十年前，而不是現在。我們似乎不應該忘記，波爾多左岸是全球生產最多耐久紅酒的地方，那些已經保存了數十年卻仍然精彩迷人的紅酒，以現在的角度看，大多是用尚未完全成熟的卡本內蘇維濃所釀成的。

讓一瓶紅酒得以經得起數十年歲月、還能變得更美味的原因，看來並非只有一個，其中甚至還留著許多未知。也許，因為年分不佳而價格低賤的陳年老酒，並不該被輕忽，否則很可能會因此錯失了美妙難尋的陳年美酒經驗，那可是再多年輕好酒也比不上的迷人滋味。

偏見的滋味

「只有在消除成見之後，才能發現我們確實是有成見。」——Karl R. Popper

如果說客觀是努力的目標，那麼，有所偏見也許才是人心之常態，這些偏見經常讓我們與許多唾手可得的美好事物擦身而過，當然，也包括許多美味的葡萄酒。

三月底在Clos de Vougeot城堡舉行的Grands Maisons Grands Crus，是兩年一度邀集百位國際媒體參加的布根地特級園品嘗會，由布根地酒商公會舉辦，今年已經是第十屆了。自從一九九八年首度受邀，這年是我第六次參加，但還是有許多新發現。

不只是媒體，各酒商的釀酒師和老闆也會在這個品嘗會中一起試飲，算是同業彼此切磋的機會。會中提供的幾乎都是最精英的特級園酒款，甚至許多是酒商的自有名園，而

包著黃衣服的這些酒瓶，全都是特級園白酒。每次總是因為太專心品嘗特級園紅酒，輪到夏多內上場時，常因樣品太多，只能像漱口般草草試過。

非跟葡萄農採買的酒商酒。在這樣的場合，透過品嘗四十餘款同一年分、剛裝瓶上市的特級園名酒，很容易就能體會新年分的風格。但最有趣的是，因為是以矇瓶方式進行品飲，最後翻看名單時，常有許多意外驚奇。

布根地葡萄酒常令人捉摸不定，知名酒商表現不佳通常是意料中的事，但最讓人感到意外的，往往是被認為不太重視品質的酒商，卻有極佳表現。布根地最大釀酒集團Jean-Claude Boisset便是其中之一。他們在布根地擁有包括Charles Vienot、Bouchard Aîné & Fils、Jaffelin、Mommessin和Antonin Rodet等二十多家酒商，在法國南部和美國也擁有多家酒廠。龐大且跨國，對布根地酒迷來說絕對不是品質保證。

但是，在二〇〇八年時，Boisset二〇〇五年分的Latricier-Chambertin，在所有特級園中卻僅次於Louis Jadot的Clos St. Denis，是當天最佳酒款之一。兩年後，他們的二〇〇二年分Mazi-Chambertin同樣也幾乎成為最佳酒款，僅次於Bouchard P. & F.的Chambertin Clos de Bèze。為此，一個月後我還特地參訪了Boisset在Nuits St. Georges鎮上的釀酒窖，試飲全系列酒款。今年品嘗的是二〇〇九年分，Boisset的Clos de la Roche甚至成為今年表現最佳的特級園，不只我如此認為，幾位熟識的酒商與媒體也有相近看法。

我想，對於布根地稍微有點認識的酒迷應該會認為，我如果不是危言聳聽，大概就是味蕾有問題。不過，實情是Boisset的改變已經有十年時間了，在二〇〇〇年代初即交由當時才初出茅廬的Gregory Patriot重新改造，不再採買成酒，改由全部自釀，酒風早已大幅改變，不僅精緻均衡，也不會特別商業，頗能表現土地特色。

不過，大部分的酒迷，包括我自己在內，都還是很難忘記Boisset曾經是一個只重產量與價格、不太在意品質的三流酒商。相較之下，Boisset在一九九八年新成立的酒莊Domaine de la Vougeraie就完全沒有這樣的問題，因為是全新的名字，剛成立的時候還向歷史名莊Comte Armand挖角了釀酒師Pascal Marchand來釀造，並採用自然動力法種植，輕易就獲得媒體與酒迷的青睞。

我承認雖然在味覺上偏愛價格更低廉的Jean-Claude Boisset，但是我的酒窖裡仍然只有Domaine de la Vougeraie，沒有任何一瓶Boisset。我想，人心之中因為附庸風雅而起的偏執，這就是最佳寫照吧！

有時候，在葡萄酒的偏遠地帶，更容易讓我們看清葡萄酒世界裡的真實，以及如芒刺在背卻又不自知的成見。

趁著重回布根地的空檔，跨過蘇茵平原到另一端的侏儸（Jura）產區參訪酒莊。短短三天行程，卻意外的讓我有諸多體悟。

侏儸是法國面積最小、也可能是最獨特的產區，位在東北邊靠近瑞士邊境的地方，有相當多上億年前的石灰岩地形，知名的地質年代侏儸紀（Jurassic）便是以此區為名。這兒也是細菌學之父巴斯德（Louis Pasteur）的故鄉。

Vin Jaune，直譯成中文便叫黃葡萄酒，因為顏色比白酒深一些而有此名，是侏儸區的特產。在品嘗過來自全球各地的數萬款葡萄酒後，我仍認為這是全世界最與眾不同的葡

Ch. d'Arlay是侏儸區少見的城堡酒莊，傳統中還帶著些貴族氣。其二〇〇四年的黃酒分成二十一桶、培養六年後再混合，有細膩的優雅質地。莊主讓我試了每桶混調前的樣品，這二十一個分身各有個性，也自有均衡，像是一下子品嘗了二十一家酒莊的黃酒。

萄酒，無論從釀製過程或酒的風味來看，都是如此。

一般釀酒時，橡木桶並非完全密封的容器，存放桶中培養的葡萄酒會因蒸發而減少，需要每隔一段時間進行添桶，以免酒與空氣過度接觸而氧化變質。黃酒卻是完全不添桶、任其蒸發，並倚賴一種漂浮在酒液表面、稱為voile（薄紗）的乳白色漂浮酵母菌，來保護黃酒免於氧化變質。

西班牙的Fino類型雪莉酒也有漂浮酵母的保護，不同的是在當地稱為flor（酒花），長得更厚，防止氧化的效能更好，此外，雪莉酒是加烈酒，而且用的是索雷拉（Solera）多年分混調法，其中尤其是Fino一旦裝瓶後就變得相當脆弱，開瓶後很快就會氧化變質。黃酒則是單一年分，原桶六年以上的超時培養，也不加烈，裝瓶後可存上百年而不壞，開瓶後仍能保鮮數月之久，甚至風味更佳，實在想不出還有哪一種非加烈葡萄酒比它更堅固耐久。但最引人之處更在於，看似非常傳奇的黃酒，其實是以一種非常手工藝式、不帶有太多釀酒科技，幾近自然天成的老式手作釀法完成。

在歐洲酒業逐漸形成風潮的自然酒（Natural Wine），是對葡萄酒業越來越工業化的反動，許多追尋自然酒理念的酒莊，在釀造時減少人為的控制，也盡可能不再添加其他物質，連從科學角度來看絕對不可不加、可抗氧與抑菌的二氧化硫，也一樣排除。如此迷人的浪漫理念所換來的，有時可能是美妙的自然之味，但更常是容易氧化變質的脆弱葡萄酒，裝瓶後需要加倍呵護，才不會走味變調。

我一直很難說服自己為了所謂「自然」的理由，勉強去喝實際上並不怎麼美味的葡萄酒，但以相當接近自然酒的方式釀成的黃酒，卻改變了我的想法。

粗獷多酸、極耐氧化的莎瓦涅（Savagnin）葡萄，是侏儸區的特有品種，新釀成時酸硬難以入口，卻是黃酒的唯一原料；因為沒加二氧化硫，酒中得以長出voile；因為六年培養不添桶的漫長氧化，讓酒更不懼氧氣，而這些過程都是為了讓莎瓦涅變得更美味。這次旅程中品嘗的三十款黃酒，每款都相當結實強健，有著數十年、甚至百年的未來。自然酒的最完美典範，非此莫屬。

在侏儸出生成長的巴斯德，在微生物學上的諸多發現，是現代釀酒學的根基所在，他讓後世的釀酒師得以透過對微生物的瞭解，更容易控制掌握自然，但當代的前衛釀酒師卻因為瞭解而保留自然，無所作為。此時來到侏儸區，黃葡萄酒讓我看到輪轉了上百年的釀酒技術，似乎又回到了最初的原點。「在一瓶葡萄酒中蘊含著比所有書籍更多的哲理」，在一個多世紀前，巴斯德似乎已預視了今日的葡萄酒新局。

調配是釀造均衡葡萄酒的最佳方法，在波爾多，城堡酒莊採用不同品種與葡萄園釀成的酒，混調出最協調多變且最具久存潛力，或者說，最得酒評家所愛的葡萄酒。如何將為數多達上百種、分開釀成的基酒，以最完美的比例混調成新年分的佳釀，是波爾多城堡酒莊年度最核心的工作。除了酒窖總管與莊主等原有的酒莊團隊，常常也需要聘請專業顧問提供混調的建議，知名的飛行釀酒顧問Michel Rolland，或是比較低調的Eric Boisseneau等，都是箇中翹楚。

在香檳區，調配的工作更加關鍵。因為各大香檳廠的酒風大多不是來自特定的葡萄園，而是源自調配師從數以千計的基酒中，像拼圖一般混調出一致的廠牌風格。偏處法國北方的香檳區，天氣多變，十年中僅有不到一半機會得以用單一年分的葡萄調配出品

雪莉舊城裡的老牌酒商Romate以超陳年的老酒聞名，窖藏七千多桶，有些甚至堆到半露天的廊道上。La Sacristia系列的雪莉古酒幾乎可稱得上是葡萄酒界的世界遺產。

質穩定，且能符應廠牌風格的香檳。事實上，大部分市售香檳都是混合多個年分的基酒而成的，雖也產單一年分，但較為少見，價格也特別昂貴。不穩定的天氣加上需要穩定品質的強烈需求，讓香檳調酒師的工作不只繁雜困難，而且背負著各大名廠成與敗的絕對關鍵。

如此重要且艱鉅的核心工作，在西班牙卻是相當簡單輕鬆，彷彿唾手可得。在同樣也需要混調不同年分的雪莉酒產區，採用一種相當簡便卻又非常有效，稱為索雷拉（Solera）的混調法。無需為數龐大、風味殊異的各式基酒，也不用專精的調配師，更不需要聘請釀酒顧問，每年僅需將一種基酒，添進一組已有數十年歷史的木桶組中。因為混合了數十個、有時甚至多達上百個年分的基酒，有陳年風味也有年輕的新鮮滋味，就能很輕易的混調出非常多變、協調均衡，可直接裝瓶上市的成品。

這種混調法的另一優點，或者說簡便之處，在於無須每年再重新調配，就能維持非常穩定的酒風，完全不用擔心年分的變化。隨著木桶組的歷史越來越久遠，混調的年分也逐年增多，每年取出裝瓶的酒甚至能在保有酒廠風格的同時，酒風也愈顯完美，擁有更多精緻細節。

在雪莉酒窖中，這樣的橡木桶組常分成許多層疊放，最底下的一層稱為Solera，裡面裝的是最成熟、即將可以裝瓶上市的雪莉酒；往上一層稱為第一層的Criadera，再往上一層稱為第二層的Criadera；通常Criadera只有二到三層，也有的多達十多層。這樣一整組的多層木桶組稱為Andana。一組橡木桶的數量少者僅有數桶，但多達上千桶者也頗為常見。

裝瓶時，酒窖工人會先自最下層、平均酒齡最大的Solera桶中，取出一部分已經完成培養的雪莉酒，接著從上一層的桶中抽出酒補入，然後再從上上一層取酒往下層補入，持續進行這樣的步驟，最後在最高一層的桶中補入新酒。這只需要酒窖工人就能進行，不需勞動釀酒師。

在葡萄酒的世界裡，最努力的酒莊不見得就能釀成最迷人的酒，在西班牙尤其如此，帶著一份隨意與懶惰，卻常能勝過釀酒者精心努力的成果。雪莉酒廠每年直接自Solera桶中取出的陳酒，簡單過濾後就裝瓶上市，看似粗心大意，但風味卻常比大部分的香檳廠更加一致。也許，除了努力以赴，少一些算計與刻意，反而能讓葡萄酒保有更接近自然天成的美貌。

高密度之味

相隔十二年，再見到Saint Aubin村的Olivier Lamy時，這位已年近中年的布根地酒莊主，依然帶著當年初生之犢般的衝勁。

我問Olivier十多年來最大的改變為何，他只遲疑了半秒鐘，就急切地告訴我：「因為葡萄園變了，一切都變了，包括我自己也都跟著變了！」兩分鐘之後，Olivier迫不及待地開著小貨卡，把我們載到村內的一級園Derrière Chez Edouard，在此園中，每公頃種植了兩萬八千棵葡萄樹。在法國地中海岸的葡萄園，一公頃大概種三千棵，到了西班牙高原甚至不及一千，布根地是法國種植密度最高的產區之一，但一般也僅有一萬棵。像Olivier種這麼密，是我生平僅見。

Olivier的酒莊以祖父Hubert Lamy為名，位在伯恩丘以白酒聞名的Saint Aubin村內，

Derrière Chez Edouard這片一級園，名字又長又難唸，意思是「艾都瓦家後頭」，紅白酒都產。Olivier每一公尺種植三棵葡萄樹，葡萄樹之間彼此競爭一小方土地裡的養分。在法國南部，每棵葡萄樹可以享有十倍的空間那是隱身在一個大型背斜谷內的小酒村，比起山下的布根地白酒名村如普里尼－蒙哈榭（Puligny-Montrachet），顯得很不知名。一九九五年甫接手後，Olivier馬上在釀造上進行了許多新嘗試，例如捨棄傳統的二百二十八公升橡木桶，改用容量更大的六百公升木桶來釀造夏多內白酒。這在一切講究傳統的布根地確實不太常見，但卻讓他釀的白酒變得更清麗明晰。不過，根據Olivier的研究，二百二十八公升木桶在過去其實只是運輸使用，真正傳統的熟成用木桶正是稱為demi-muie的六百公升容量。

問他為什麼要種這麼密，Olivier也說靈感來自歷史資料。當葡萄根瘤蚜蟲病（Phylloxera）在十九世紀末摧毀歐洲的葡萄園之後，布根地才像現在開始嫁接砧木，而且成行種植；在此之前，則盛行以壓條法的方式隨意在園中直接壓條繁衍新株，當時種植的密度甚至超過三萬株。他相信高密度種植可以輕易種出高品質的葡萄，一些超過百年、在毫無釀酒科技的年代所釀成的布根地老酒，得以維持美味至今，很有可能跟這樣的種植法有關。

現在Olivier的葡萄園大多提高到一萬四千棵以上，酒莊唯一一小片特級園Criots-Bâtard-Montrachet只有五百平方米，卻密密地種植了一千棵葡萄樹，已無法再用機器照料。我們參觀的Derrière Chez Edouard位在陡坡上，密度更高，一樣要手耕，對一個要照料十七公頃的葡萄農來說並非易事，例如，僅僅只是剪枝一項，就要多出近三倍的工夫。

如此費心力，充滿拚勁的Olivier會釀成什麼樣的高密度風味呢？·因為每一棵都只產三兩串葡萄，而非一般的七至十二串，葡萄成熟更快，味道也更濃，酸味跟甜味同時增多。他的高密度一級園Derrière Chez Edouard常釀成村內最濃縮厚實的白酒，酒風非常豪華豐盛，不過，儘管氣勢驚人，但似乎少了一些內斂，很濃縮，也很難多喝。倒是村內其他白酒卻都極具個性，酒體厚實圓潤，有均衡帶勁的酸味，有時又細膩多變。

依照慣例，Olivier開了一瓶陳年老酒，是一九九六年Saint Aubin村的一級園白酒，這是他完全接手酒莊後的第一個年分，喝來仍相當剛健有力，有著奔放卻多變的陳年香氣，非常迷人。的確，只有時間可以證明對錯，但我已經迫不及待想知道高密度的葡萄園將熟成出什麼樣的陳年風味。在看似死守傳統的布根地，其實到處都有新鮮事。

青春期的滋味

無論是波爾多、布根地或隆河區，許多二〇〇九年分的紅酒，即使是常需十數年才能到達適飲期的頂尖佳釀，在還沒裝瓶之前，就已經顯得相當圓潤可口，但也因成熟度極佳，喝起來太過豐盛飽滿，少了一些內斂、更高挺格局的經典風格。即使如此，這仍算是一個新時代的絕佳年分。「應該可以早一點喝吧！」大部分酒評家都這樣想。

這個帶著一點嬰兒肥的年分陸續裝瓶上市已經有一、兩年了，相較於〇五跟〇八年分，趕早享用〇九的酒迷應該不太會有「喝得太早」的悲嘆。不過，也許近月來喝了太多，我陸續嘗到一些開始要進入閉鎖期的〇九年紅酒。原本豐腴中帶著彈性的柔滑觸感，有些竟然開始青筋暴突，顯現粗獷與野性，奔放豐沛的果香也隨之變得隱晦閉塞，喝來不如剛出廠時那樣迷人。一家波爾多名莊的釀酒師收起臉上的笑容，板起臉微蹙著

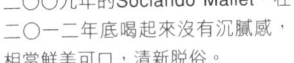

也許因為比較早裝瓶，產量較高，二〇〇九年的Sociando Mallet，在二〇一二年底喝起來沒有沉膩感，相當鮮美可口，清新脫俗。

眉說，大概是要進入封閉期了。酒莊公關附和著說，就像是進入青春期的少年一樣。

當然，她指的並非年輕鮮嫩的幼滑青春，而是伴隨著身體快速發育轉化，荷爾蒙爆發，進入充滿叛逆個性的青春期。這種令父母討厭卻又避免不了的過渡時期，很不幸的，同樣也會發生在葡萄酒身上。顯然，可口如二〇〇九的紅酒也難逃這樣的命運，不同的是，在轉化成更成熟的風味之前，葡萄酒，特別是頂級紅酒，卻是用封閉與沉默來表現他的叛逆。

並非所有紅酒都會有青春期的問題。例如適合年輕早喝，清淡一些、口感柔和的日常佐餐酒，除了少見封閉的酒香與艱澀的口感，大多都在青春期到來之前就已經開瓶飲盡了。反而是一些頂級耐久存的酒，或者，經典偉大的年分，最容易發生惱人的青春期問題，症狀似乎也最明顯，而且封閉的時間也最久，少則數年，長則十數年。例如許多二〇〇五年分的波爾多紅酒，或一九九六年的布根地黑皮諾，到現在都還沉睡在青春期之中，而後者更像是一睡不醒，要直接進入老年期了。但較不受期待，或者所謂的壞年分，如布根地的二〇〇七年分，卻幾乎不曾封閉，一直相當迷人可口。

封閉不語其實並非葡萄酒青春期最令人擔憂之處，成功轉大人之後的不可預期也許才最為駭人。如氣象預報一般，一瓶酒或一個新年分的未來，有時可以預期推估，即使不一定很精確，但多少也有五、六成的準度。但養育小孩就不一樣了，無論父母花了多少心血，他們終究都有自己的路要走，俗話說「女大十八變」，有些酒在過了封閉的青春期之後，卻意外變成另一個極端的風格。

最近眼前的例子，是在歐洲各產區初釀成時都相當軟調甜潤的二〇〇三年分，陸續過了青春期之後，大多轉變成極為濃厚粗壯、帶著極多澀味的陳酒風味。雖然沒有預期的早夭，而且似乎變得更加勇健硬實，但年輕時的甜熟果香與甜潤果味，竟然全部無影無蹤，好似剝去了肥油、只剩骨架與精肉的扎結紅酒。或許這不能算是最壞的結局，但卻像是電影剪接師錯接了另一部片的下半場。

這真的是我的小孩嗎？也許，不可測的未來才是青春期最真實的味道。

釀壞的葡萄酒與自然天成的美味

「這瓶酒裡的毛皮味是因為受到細菌感染而來的，還是自然產生的呢？」

這位提問的先生實在勇氣可嘉，因為台上主持的是Pierre Lurton，白馬堡（Château Cheval Blanc）和Château d'Yquem兩家波爾多頂尖名堡的酒莊總管。這位先生質疑的，是從城堡酒窖直運香港，正值成熟、美妙多變的一九七五年白馬堡，他說的是酒香酵母菌（Brettanomyces），一種會讓葡萄酒散發類似糞味與動物味的酵母菌。

Pierre Lurton似乎不是第一次碰到這樣尖銳的問題。他很從容地說：「一九四七年的白馬堡有很多揮發性醋酸，如果釀酒師控制太多，不容失誤發生，就無法釀成像一九四七白馬堡這麼傳奇的偉大名酒了。」

對於近幾年來，一直逼我不斷重新思考釀酒學的自然酒風潮，這個回答確實是一個很

在侏儸產區，有許多酒風詭奇、帶著濃厚傳統地域風格的葡萄酒，看似已經氧化壞掉，但卻異常美味。

好的註解。在沒有現代釀酒科學技術與設備的年代，許多酒莊還是釀造出無可超越的傳奇葡萄酒。回到過去，並不一定代表落後與倒退。

自一九七〇年代起，釀酒學成為專業學科，科學化釀酒技術逐漸取代了依經驗累積的釀酒工藝，釀酒師的角色變得更像是專業工程師而非傳統工藝職人。更精確的科學檢驗分析與更先進的釀酒設備與釀酒法，讓葡萄酒的生產更容易標準化與工業化。現在，釀出健康無缺點的葡萄酒已是最基本的要求，許多釀酒師都能隨心所欲地依市場需求釀出計畫中的葡萄酒風味。但釀酒學上的進步，也讓葡萄酒離自然越來越遠。如果可以屏棄試圖改造原產風味的現代技術，重回傳統手工藝式、尊重自然的釀造法，除了葡萄，不再添加任何其他添加物，也許更容易釀出自然的迷人滋味。

這確實是非常迷人的美妙想法，但在現實上是否可行？那些所謂的自然味道是否只是因為過度氧化或感染變質而產生的呢？

和Pierre Lurton一起主持品酒會的，還有Michel Bettane，法國最具影響力的酒評家，他從不掩飾自己對自然酒的質疑。「難道你不覺得所有自然酒都有同樣的味道嗎？聞起來像氧化的蘋果跟指甲油！」他在會後激動的對我這麼說。果然，他似乎很不以為然。其實，即使有釀酒學家Jules Chauvet為不加二氧化硫的獨特釀法提供理論基礎和可行技法，但是，熟悉釀酒學的人大多難以接受這樣的方式，因為這彷彿是對過去數十年來的釀酒發展的否定。

在拜訪過全球為數上千的酒莊之後，我開始相信釀酒的真理並非只有一種，自然酒也是可行的方法之一，只是自然酒確實較常有變質的疑慮，但我也品嘗過非常多鮮美可口的自然酒。一九四七的白馬堡也許證明了不需要太多科學技術，也能釀成偉大的葡萄酒，不過，在同樣的年代裡，卻也更容易遇到變質壞掉的劣酒，加上缺乏二氧化硫的保護，讓葡萄酒成為一種很難商品化的飲料，在釀造、運輸或儲存的過程中，很容易發生意外。要有純粹的自然味道，釀酒師必須要更加努力才能釀成健康的好酒，喝的人也要善盡保護葡萄酒的責任。自然，在我們的年代，是需要付出昂貴代價的。

我確實還不具備在開瓶時即使酒已變壞也能甘之如飴的修養，不過，對於現在願意冒著風險努力釀造自然酒的酒莊，還是心存感謝之心，因為自然酒的存在，為現代葡萄酒業提出了一個嚴肅的反思課題。

原根的滋味

Henry Marionnet是一位法國羅亞爾河中部的葡萄農，他的酒莊雖位在偏遠且不太知名的區域，但我早在十多年前就喝過一些他釀造的葡萄酒。之所以會特別注意他的酒，是因為他擁有幾片沒有嫁接美洲種砧木的歐洲種葡萄。

這些直接種在土裡的葡萄樹，在二十世紀初之後，理論上是不應該存在的，因為沒有嫁接美洲種砧木，原根種在土裡的歐洲種葡萄是經不起根瘤蚜蟲病（Phylloxera）的侵襲。這個自美洲傳到歐洲的病蟲害在一八七〇年入侵法國後，幾乎摧毀大部分葡萄園。

甘冒這樣的險惡風險，是因為Marionnet相信，當歐洲種葡萄以原根種植於土地上時，常能釀出最優雅也最精巧多變的葡萄酒，他所釀造的被稱為Le Vinifera的加美紅酒與白蘇維濃白酒，便是最佳明證。

即使已經嫁接在美洲種葡萄的砧木上，梅洛葡萄還是較難承受缺水的壓力，像是在梅多克（Médoc）的礫石地上，少能釀成高雅的風格。

二〇一二年初我去了一趟智利，參觀當地最新的Ｖｉｋ酒莊計畫。在智利，並沒有葡萄根瘤蚜蟲病的問題，所有歐洲種葡萄都沒有嫁接砧木，而是直接種在土地上，對夢想著能原根種植卻不可行的歐洲葡萄農來說，這裡應該是種植葡萄的天堂吧！不過，Ｖｉｋ酒莊的數百公頃葡萄園卻一反智利的常態，全數嫁接美洲種葡萄，他們相信，透過砧木可以釀出最均衡細膩的酒風。

葡萄酒裡很少有放諸四海皆準的絕對真理，兩家酒莊有著完全矛盾相悖的理念，卻又都各自釀造出相當獨特且精彩的酒來，顯然真理不是只有一個。

Ｖｉｋ雖然只生產混調的紅酒，但我也順便品嘗了調配前的基酒，發現這裡嫁接砧木的梅洛釀出了在智利極少見的高雅質地。相較於其他產國，智利的梅洛一直多了些粗獷氣息，探問本地的多位釀酒師，都認為梅洛的根系發展不佳，即使採用人工灌溉，還是常讓葡萄樹面臨缺水的壓力，減緩成熟，進而長出厚皮，有更多的單寧澀味，與梅洛柔和豐滿的國際酒風相當不同。也許，砧木真的是種出優雅梅洛的關鍵。

梅洛雖是現下波爾多地區種植面積最廣的葡萄，但在根瘤蚜蟲病之前其實並不多見，這個現在如此重要的國際名種，也許正是葡萄根瘤蚜蟲病的受益者，因為在此之後，梅洛靠著砧木成為全球知名品種。

彷如位在命運的交叉點上，蚜蟲病傳入歐洲前，現在智利最感驕傲的卡門內爾（Caménère），卻曾經是波爾多最重要的葡萄品種，但因不適合嫁接砧木，產量低且不穩定，加上成熟不易，最後被梅洛與卡本內蘇維濃所取代，幾乎完全從波爾多的葡萄園消失。一個世紀後，在一九九〇年代中才被發現，智利產的許多梅洛，其實就是一個半世紀前就自波爾多引進的卡門內爾，在遙遠的異鄉意外保留了原根種植的滋味。

黑皮諾是最嬌貴難養、對環境最為挑剔的品種，一離開原產的布根地就常適應不良。在美國奧勒岡州曾見到許多原根種植的黑皮諾老樹被拔除，改換成嫁接砧木的新苗。原以為是為了避開根瘤蚜蟲病的威脅，但當地的知名釀酒師Ken Wright解釋，砧木可以讓他們的黑皮諾不需要種在跟布根地一樣的石灰質黏土，即使在當地常見的紅色Jory火山土壤上，也能釀出細緻、純粹的黑皮諾酒風。

在原產故鄉，原根種植的黑皮諾也許真的能有優雅多變的風味，但如果離開了原產地，更具野性與生命力的美洲種砧木，可以讓黑皮諾在艱困不適的土地上，像建立起灘頭堡般，釀出比原根更精彩的滋味。

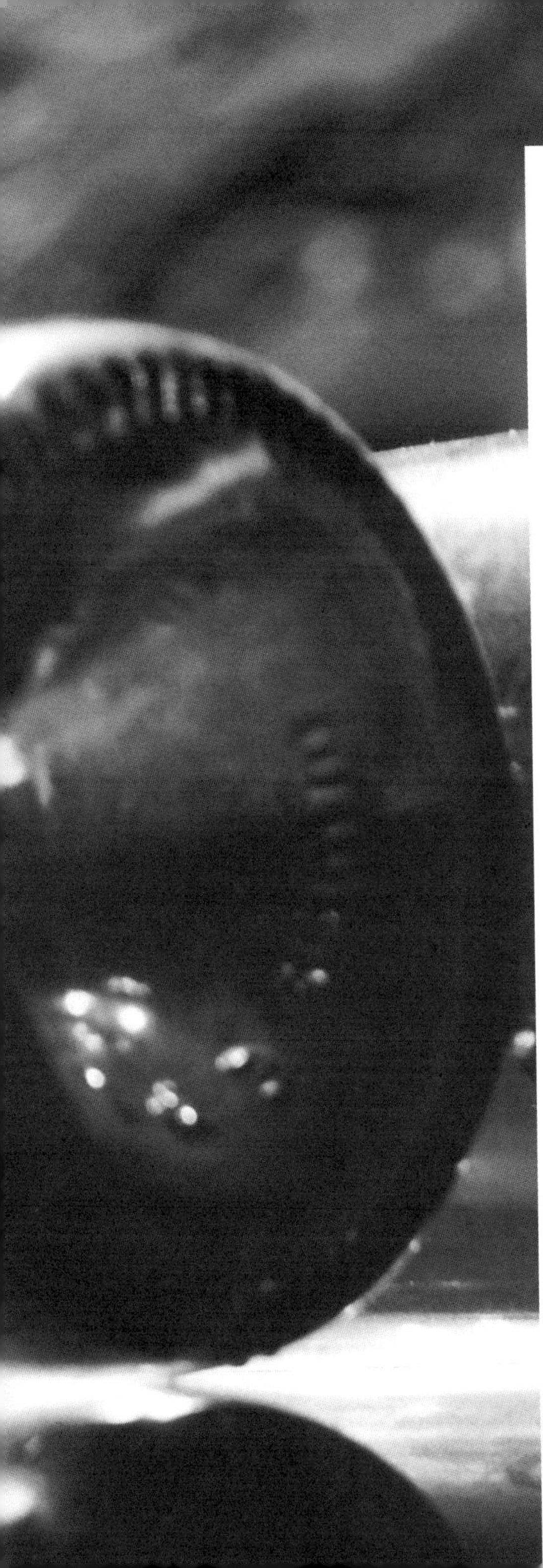

part 貳

輕價值

只需將葡萄酒當成佐餐飲料，讓它回到真實日常，回到美味自身，所有因著分級與聲望所建立起的精英品味與價格操弄，便要瞬時瓦解，逆反。就像大部分高級訂製服都只適合收藏在衣櫥深處，在離我們最近的日常餐桌上，輕與淡自有價值，而大部分的稀世珍釀反成最笨拙、最該被遺忘的佐餐酒。

喝榭密雍一杯如讀舒國治散文一帖

能體會清簡生活之樂的人，確實不多，不然眼前節能減碳的日子就不會被當成極苦之事來看。對於葡萄酒裡的平淡之味，能體會的應該也一樣不多。那些喝來清簡素淨的葡萄酒，如法國羅亞爾河地區用蜜思卡得（Muscadet）和白梢楠（Chenin Blanc）葡萄釀成的干白酒，或是澳洲獵人谷（Hunter Valley）的榭密雍（Sémillon）干白酒，若詢問稍有見地的飲家，大半都說不好，即便索價不高也吝於買來一嘗。他們寄予厚望的葡萄酒，是那些可以像繁華絢麗的人生一般，要華麗多變，要高潮迭起，而且絕不能蹉跎。

在我認識的各色閒忙人等中，舒國治該是清簡生活的典範，他說：「無論如何，我總是以生活中的清簡為第一。」他四處晃蕩，瞧東看西，任性蹉跎到了一個極致，生活美感就自然顯出，化成他寫的《理想的下午》、《門外漢的京都》、《流浪集—也及走

Ch. Haut-Brion的白酒是以榭密雍為主釀成的干白酒中最昂貴的一款，採得很晚，全部木桶發酵，喝起來常顯癡肥，是最不清簡的典藏。姐妹廠La Mission Haut-Brion的白酒有時幾乎採用一〇〇% 榭密雍釀造，似乎更結實有力，不過，也不會便宜太多。

HAUT BRION
PESSAC
HATEAU HAUT BRION
1989
GRAND VIN DE GRAVES

路、喝茶與睡覺》那幾本奇書。

舒國治說：「我能這樣寫，不是創作來的，而是從生活得來的。」他的散文雖然文字素樸，且絕無濃烈情感，但讀起來卻是情意無窮，十分耐讀。和他一切清簡卻又極其講究的生活實無二致。

在喝過的各色葡萄酒中，我也發現有些看似清淡簡單、樸素無華的干白酒，雖無濃烈香氣，亦無豐滿脂腴的飽滿酒體，但若帶些閒情雅意來喝，卻是頗為耐喝。許多以榭密雍葡萄釀成的年輕干白酒，正有著這樣的風格，當然，也唯有能體會清簡生活之樂的人，才能得享其迷人之處吧！

原產自波爾多的榭密雍，是一個遇到潮濕天氣就很容易感染黴菌的葡萄品種，只要天候條件適合，便可釀造成風格豪華瑰麗、口感濃厚甜美的貴腐葡萄。但如果釀成一般干白酒，榭密雍就變得非常平淡無華，酸味低，而且香氣不多，需要經過幾年瓶中培養才會緩緩散發出來，除了一股有如水煮過的淡淡綠檸檬皮香之外，少有直接討喜的水果香，頂多像西澳的瑪格麗特河產的SSB（榭密雍加白蘇維濃），有些青草氣味。一定要等到陳年之後，才會開始散發像溫潤的蜂蜜、蜂蠟以及杏仁、核桃等乾果的香氣。總帶著一些氤氳的老舊氣味，少有青春奔放的風格。

在波爾多，酒莊並不願意接受榭密雍的平淡，用了許多方法來「改善」不是非常討喜的風格。或以低溫泡皮逼出熱帶水果香氣，或以橡木桶發酵培養感染些木頭與奶油香氣，而且最後還都要再混進一些香氣頗直接濃豔的白蘇維濃。波爾多的釀酒師靠著釀酒技術，讓不帶甜味的榭密雍也豪華豐富了起來。

甘心保留榭密雍的平淡無味，唯有澳洲的獵人谷產區，為了躲過採收季大雨，葡萄趕早採收，釀成的干白酒常僅有十至十一%的酒精濃度，榨汁後以不鏽鋼槽快速發酵，釀完後不花半點工夫培養，馬上早早裝瓶，也不混其他品種，完全是一派自然極簡的釀法。初釀成時喝來酸瘦清淡，單薄無華，看似尋常滋味，但靜置十數年後，不僅酒不敗壞，還開始散發蜂蜜、乾果與火藥等陳香。強酸乾瘦的味道略增膏滑，簡約中有飽滿之感，頗具舒式風格，深得我心。

適合家中常備的葡萄酒

在我們的生活裡，販售葡萄酒的地方越來越多了，需要喝的時候再買，不就可以省下在家儲酒的諸多麻煩事嗎？

確實，我也希望可以這麼看淡一切，過著簡單樸實的生活，但我也知道，沒有家中常備的葡萄酒，將會失去多少生活的樂趣。其實不用太多，只要備有一、兩箱挑選得宜的葡萄酒，距離隨時有美酒相伴的美好生活，應該就不會太遙遠了。

至於，該挑選哪些酒作為家中的常備葡萄酒呢？答案其實很簡單，祕訣就在於「知汝自身」。這句希臘德爾菲神殿中的銘文，雖然讓許多人窮究一生不得解，卻可以是選酒時最簡單的首要原則。

什麼樣的人喝什麼樣的酒，就像對音樂或穿著的喜好是很個人的事，葡萄酒也一樣。

即使只是放幾瓶酒日常隨意喝，白酒、粉紅酒、氣泡酒與甜酒都不應該缺席。

我一直認為葡萄酒是佐餐飲料，所以，如果你不愛吃紅肉，或者根本鍾情於蔬食，那就不需費心準備適合搭配燉肉的濃厚紅酒；如果你嗜吃原味海鮮，就不妨多準備些夏布利白酒；如果你跟我一樣是單身，那麼考慮多買些三七五毫升的半瓶裝葡萄酒，是比較實際的選擇。

無論是偶爾還是每天在家吃飯，能有葡萄酒佐餐，即使是再簡單家常不過的菜色，甚或只是個平凡無奇的便當，都可能升級為美好的幸福感受。而最適合搭配這些日常食物的葡萄酒，都是些以簡單柔和為上的平實葡萄酒。如同個性隨和的人比較容易相處，味道比較清淡爽口的葡萄酒，因為風格簡單自然，特別順口易飲，和大部分食物都可以合得來，不用太擔心會產生味道上的干擾。這些葡萄酒不僅常見，而且價格也很實惠。

如果平時在家只存一、兩箱的葡萄酒，上述酒款最好能占一半以上，就像是自家的**House Wine**，想喝時就能隨意開一瓶，不僅不太需要擔心會跟菜色不搭，也不用心疼荷包失血。像是產自法國的薄酒來，單寧少，澀味不多，非常鮮美可口，適合與大多數肉類菜肴共享，和魚、海鮮料理也常能相配。義大利佐餐酒就更多了，像是多切托（Dolcetto）、瓦波里切拉（Valpolicella）或是奇揚替（Chianti）紅酒，都是屬於這樣的國民葡萄酒。

不帶甜味的白葡萄酒，在配菜的寬廣度上更勝紅酒一籌。不帶桶味的年輕白酒無論是當開胃酒，或佐配清淡海鮮、油炸食物，都相當好用，夏季時冰涼著喝，更是清爽消暑。雖說台灣四季不是特別分明，但家中的酒也要依季節作調整，夏季可以多準備年輕白酒和粉紅酒，到了冬季再買些酒精度高一點、口感較濃厚的成熟紅酒或白酒。

跟人生一樣，選擇葡萄酒也該為「不可預期」做些準備。冰箱裡最好冰著一瓶香檳，至少也要有Cava或Prosecco氣泡酒，雖然有點占空間，但欣逢值得慶祝的時刻，就不會有「少一瓶香檳」的遺憾了。即使沒有特別值得慶祝的事，平時也可以開一瓶氣泡酒來喝，因為它也是葡萄酒中的配菜高手。

加烈酒和甜酒在台灣沒有那麼受重視，但其實它們妙用無窮。比如開瓶數月之後仍不會變質的陳年波特Tawny，酒精度略高，又帶甜味，喝多了會膩口，卻可搭配甜點享用，或倒一小杯當成「喝的」餐後甜點也不錯。

除了簡單日常裡的小幸福，偶爾也需要一支正值成熟、有著多變香氣與精巧質地的珍釀，享受一下超出日常之外的美好感動。如果剛巧遇到了這樣的酒，就買幾瓶放著吧。但要切記的是，任何可能讓你捨不得打開來喝的陳年珍釀，絕對別買進家門。

無需等待的陳年滋味

在布根地酒商Bouchard P. & F.的晚宴上，遇到《舊金山紀事報》專欄作家Michael Apstein。我常在「Wine Review Online」上讀到他精闢的見解，事實上，隔天一早，兩年一度的布根地酒展Les Grands Jours de Bourgogne就要頒給他葡萄酒作家大賞的榮譽。

那晚品嘗的十多款酒中，一九四八年的Chevalier Montrachet白酒和一九二八年的Beaune Aveaux紅酒，最讓人印象深刻。超過半個世紀竟然才正值成熟巔峰，確實頗出乎意料，特別是後者，即使已經陳年八十年了，但應該還有數十年的美好未來。

我絕對沒有誇大其詞，那瓶Beaune Aveaux雖然有陳年的滋味，但仍然相當健康，看不出任何衰老的跡象，對於向來被認為較脆弱的黑皮諾紅酒來說，這瓶一九二八年分實在是有點匪夷所思。當然我必須承認，這應該是刻意從許多可能已經衰敗的老酒中千挑萬

上

López de Heredia 酒莊，窖藏八百萬瓶葡萄酒，但每年只釋出五十萬瓶，平均要存上十六年才會上市。

下

在其他地方，三十年的上好年分陳酒已成稀有珍釀，但在利奧哈還常能成批大量上市。

Selección Especial
Montecillo
1981

選出來，但只要一瓶，那種無可取代的陳年美妙滋味，就足以繚繞於心，一生難忘。

Michael因此有感而發的說，他經常向讀者提出忠告：當你開始買布根地名酒時，一定得先買五箱適合日常佐餐的Côte du Rhône紅酒，不然很快就會把這些需要數十年才會成熟的葡萄酒早早喝掉。這番話確實相當有道理，而且肯定是Micheal自己的血淚教訓。

不過，我倒不認為非得拿Côte du Rhône來當日常佐餐酒。如果你鍾愛成熟的老酒滋味，卻又不想花時間等待，或者跟大部分人一樣，家中並沒有潮濕恆溫的酒窖可以讓愛酒在裡頭躺上數十年，我會建議你不妨買一些利奧哈（Rioja）的Gran Reserva吧！

雖然被許多酒評家視為過時老派，但西班牙利奧哈產區至今還有非常多酒莊持續生產Gran Reserva等級的葡萄酒，而且價格往往比新式釀法的年輕葡萄酒來得便宜許多。

過去，利奧哈產區用熟成時間的長短來作為分級，一般最年輕的叫Joven，經兩年以上培養的稱為Crianza，三年以上為Reserva，而Gran Reserva則要五年以上，在橡木桶裡至少待上兩年，裝瓶後還要再等三年以上。許多名廠的Gran Reserva甚至要到十年、甚至二十年以上才會上市。

López de Heredia酒莊就是一例，最新上市的Gran Reserva Viña Tondonia是一九八七年。而另一家Bodegas Montecillo的Gran Reserva Selección especial最年輕的年分則是一九九一

年，但在西班牙大一點的酒鋪都也還頗常見到一九八一、一九八二和一九八五，完全不需要買回家存放二十年，就能馬上開瓶，即刻體驗正值成熟的陳年香氣：熟透的果香，伴隨著菌菇、苔蘚與枯葉的氣息，有如走進秋天濕冷森林般氤氳迷人。

上述兩家酒莊也許在台灣並不多見，但本地還蠻常見的利奧哈名廠，像Marqués de Murrieta酒莊一九九五的Castillo Ygay Gran Reserva Especial，或是Muga酒莊一九九八的Prado Enea Gran Reserva，現在都頗容易買到。

葡萄酒的風味必定會跟著時代轉變。現在，也開始有些利奧哈酒莊不再生產老派過時的Gran Reserva了。但我想，在他們全數改掉這些被酒評家批評「酒存太久」的「壞習慣」之前，無需等待的成熟滋味還是可以唾手可得，而你也不一定要急著買進頗占地方的五箱Côte du Rhône紅酒。

瑕疵之必要

在葡萄酒的世界裡，釀造時的瑕疵和珍貴特質之間，常常僅有一線之隔，有時，具備一些缺陷甚至還是必要的條件。聽起來雖然像是文青式的空話，但其實例證相當多，例如可以為葡萄酒增加香氣與酸味的揮發性酸；或者是這裡要談的，在發酵時產生的揮發性硫化物。

夏多內白酒中，常被描述成打火石或火柴棒的酒香，在一些酒評家和大部分的夏多內白酒愛好者眼中，都是讓酒更加獨特，有如與葡萄園風土相連的礦石系香氣，不僅少有人抱怨，有些行家嗅聞不到還會悵然若失。如果照實說，白酒冒出火藥般的氣味，很多時候該算是釀造上的瑕疵吧！形成的主因源自於發酵時因為缺乏氮所造成的揮發性硫化物——苯二甲硫醇。

№ 00529
Corton-Charlemagne
GRAND CRU
APPELLATION CORTON-CHARLEMAGNE CONTRÔLÉE
DOMAINE COCHE-DURY
C. & R. COCHE
75 cl
VITICULTEURS À MEURSAULT, CÔTE-D'OR

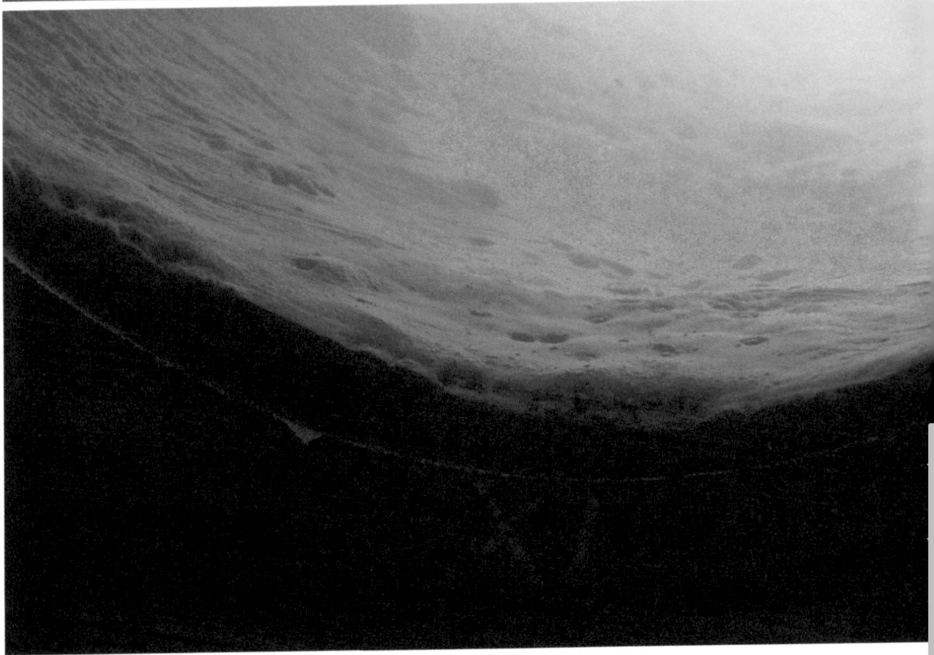

但偏偏，越頂尖高級的夏多內，就越常會讓飲者聞到這種仿如置身靶場的奇特香氣。

布根地梅索（Meursault）村裡的勾旭－杜麗（Coche-Dury）酒莊是火藥系香氣的原始典範，不論一瓶市價上百歐元的布根地廣域白酒或近年已漲到四千歐元一瓶的特級園高登－查理曼（Corton-Charlemagne），都常能明顯辨識出招牌的火藥香氣，不過這樣的氣味是釀造時意外造成的，並非刻意為之。若從製程上溯源，或可能因酒莊在榨汁後沒有經過嚴格的沉澱澄清就將混濁的葡萄汁放入橡木桶中進行酒精發酵；也可能因為酒莊在進行長達一年半的木桶培養時，只經一次換桶除酒渣，讓大量的以酵母菌殘體為主的桶底酒泥在橡木桶中跟酒泡在一起培養。

因為勾旭－杜麗的火藥系酒香太受歡迎了，有不少釀酒師試圖在自家酒莊以類似的製程模仿釀造這樣的瑕疵氣味，甚至蔚為風潮，不只在法國，在澳洲更是許多頂級夏多內的基本香氣之一。這樣風格的夏多內在釀酒師業界還流傳一個專有的行話coché，指的就是火藥香氣爆發的夏多內白酒。

除了火藥系香氣，發酵時產生的揮發性硫化物中，也有比較明顯有瑕疵感的，如最知名的是硫化氫，及會產生臭雞蛋般令人不悅的氣味，也有如腐爛大白菜的甲硫醇。發生時，釀酒師會在裝瓶前就做處理，並不常出現在買回家的酒裡。在專業的葡萄酒品嘗用語系統中，會把這一系列的氣味概稱為還原系酒香，若有，試著用醒酒器換瓶曝氣，透過氧化，通常可以減緩一些。

真正關鍵的，也許，也是酒迷們較難面對的，是許多原本被認為是品種特性的香氣，其實也是源自發酵時意外產生的揮發性硫化物，例如全世界最知名的黑葡萄品種卡本內蘇維濃常有的黑醋栗香氣，或者，白蘇維濃的百香果香等等，都可能肇因於發酵時產生的硫醇。如果沒有這些因發酵瑕疵而有的奇香，這些世界級的明星品種還能保有明星級的地位嗎？

什麼是缺陷？怎樣才是品質？如果有所不足與瑕疵也能為葡萄酒帶來個性與特質，那麼太完美是否也可能才是缺點的所在呢？

有點甜的通俗劇

在頂級葡萄酒的世界中，「可口好喝」一直不是個太正面的形容詞，就好比好萊塢的商業片，通俗易懂，符合大眾口味，娛樂性高，卻鮮少得到影評家的青睞。即使偶爾還是有雅俗共賞的佳片，但好看、具娛樂效果一直都不是一部偉大電影的必要條件。

一瓶被酒評家推崇的精彩葡萄酒常常也是如此，複雜多變永遠比簡單易飲來得重要，堅實耐久也一定比順口好喝更具價值。如果不是受過訓練和暗示，我想大部分人都不會喜歡喝那些頂級珍釀吧，特別是在成熟適飲之前。就像許多經典的藝術電影，不是都常讓人昏昏欲睡嗎？

為了成為行家，許多人必須折磨自己學習喜歡年輕時酸澀難飲的頂級波爾多，甚至，強迫自己相信那些硬澀到有如酷刑般虐待味蕾的老派年輕巴羅鏤（Barolo）紅酒，才是義

甜、氣泡、粉紅酒，很帶歡樂氣氛的組合。不要再裝行家了，來乾一杯吧！

大利最迷人的葡萄酒。如果只是為了附庸風雅，勉強自己喝這些酒的代價，除了昂貴的價格，還有充滿痛苦的葡萄酒經驗。

你真的喜歡喝葡萄酒嗎？每次看著學生們皺著眉頭品嘗濃澀的紅酒，我心中常有這樣的疑問。我更想告訴他們，如果可以忘記品味的壓力，讓自己輕鬆一點，偶爾喝一些通俗的葡萄酒，也許，他們會更真心愛上葡萄酒。

我必須承認，假日時，我也常跟家人一起喝義大利的Moscato d'Asti；跟朋友去ＫＴＶ唱歌時，除了香檳，我也會帶美國的甜味粉紅酒White Zinfandel。這些酒一點都不精英，而且非常通俗，完全沒有藝術價值，卻能在某些時刻帶來許多樂趣，特別是跟平時只喝可樂或雪碧的朋友們聚會，帶太頂級的紅葡萄酒，其實對他們反而是一種折磨。

Moscato d'Asti是一種產自義大利西北部、帶著微泡的甜白酒，採用有荔枝、玫瑰花與青草氣味的蜜思嘉葡萄，只經短暫發酵就中止，酒精度極低，通常只有五％，酸度不高，留有葡萄的自然甜味。冰涼著喝，在冉冉上升的氣泡中襯著新鮮花果香，非常鮮美可口，有如啃咬著新鮮蜜思嘉葡萄，是通俗版葡萄酒中的首選。

這類葡萄酒的酒精度都很低，大多帶有甜味，也都有些氣泡，就像是葡萄酒版的碳酸飲料。同樣產自義大利的藍布魯斯科（Lambrusco），是冒著氣泡的紅酒，酸味高再加上些許澀味，其實頗具個性。傳統的藍布魯斯科較少甜味，常用來佐配當地的美味料理，但是賣往海外的版本，則大多以甜味來掩蓋酒中的酸澀味。雖然大多粗製濫造，但酒漬紅色漿果香中常會帶些樹根和藥草味，加上氣泡、甜味與澀味，其實很像成人的含酒精可樂，價格甚至貴不了太多。如果是跟可樂相比，實在不需過度挑剔。

也產自義大利的微泡甜紅酒Brachetto d'Acqui，就更加可愛了，有更奔放的櫻桃果香，可當精英版的櫻桃可樂喝。

通俗的酒種其實相當多，比較知名的還有德國稱為「聖母之乳」的Liebfraumilch低酒精甜白酒。原本源自Worms市Liebfrauenkirche教堂的葡萄園，因為名氣太大，使得德國中部萊茵河沿岸產的廉價淡甜白酒幾乎都沾她的光，稱為Liebfraumilch，在海外市場上也等於是德國低價酒的代名詞，良莠不齊的水準幾乎毀損了德國白酒的名聲。

但是，並不是所有的Liebfraumilch都是如此，帶甜味、低酒精的德國白酒，特別是採用麗絲玲釀造時，正是所有通俗酒中最值得一嘗的類型，香氣奔放，清爽可口，酸甜適中，非常討喜，即使出自名家，價格仍相當便宜。有這樣的麗絲玲可喝，誰還會想喝雪碧呢？

喝白酒，度小月

曾經，但也不過是十多年前，葡萄酒只分成兩種：一般人喝的和百萬富翁喝的。但現在還多了幾種：千萬富翁、億萬富翁與十億富翁喝的酒。

那些被認為最奢華的葡萄酒，十多年來，雖然加入不少「新貴」，但其實還是以老面孔居多。不同的是，這些世界名酒的價格少則暴漲三、四倍，多則直接在尾數後面加一個零。也許因為有錢人變得更有錢了，同樣的酒現在必須貴到連億萬富翁也買不起，才能真正符應十億富翁的身價。至於廣大的中產階級酒迷們，對於這些價格越來越豪奢的頂級珍釀，難道就只能望酒興嘆嗎？

位於英國倫敦的國際葡萄酒交換所（Liv-ex），以全球頂級的一百瓶葡萄酒交易價格建立了Liv-ex葡萄酒指數，成為全球頂級酒採買的重要參考數據。這個月初，他們公布了一

我必須懺悔，雖然比較常喝白葡萄酒，但是我的酒窖裡還是存了三分之二的紅酒，即使紅酒需要多一點時間等待，但比例還是太高。

份統計圖：自二〇〇二年以來，Liv-ex指數由一〇〇點攀升到二六〇點；同一時期，美國《富比士》雜誌所統計的全球擁有至少十億美金財產的富豪，也由六年前的兩百五十人成長到一千多人。

這兩個數字的成長曲線近六年來幾乎是亦步亦趨。二〇〇八年以來，金融危機、股市崩盤和房地產貶值，讓眾多富豪的財富大幅縮水，Liv-ex指數也隨著下跌。不過，包括一九九八年Château Petrus在內的一百種名釀，屬於「葡萄酒中的績優股」，即使價格折半也還是相當昂價。

只有平均薪資的人，必須耗盡三個月收入才能買到一瓶七百五十毫升、剛上市的一九九五年分Krug Clos d'Ambonnay，或是二〇〇五年分的La Tâche。要想有機會買進這些酒，除了暗自感嘆，也只能夢想自己有一天可以成為億萬富翁。

不過，如果只是想要品嘗世界名釀，倒不一定只能是夢想。即使酒價高漲，還是有許多世界級頂尖名酒，價格僅只是上述兩款酒的百分之一，有時甚至更低，即使這輩子當不成億萬富豪，還是可以輕鬆享用全世界最精彩的葡萄酒。

拜紅酒熱之賜，近年來白酒價格的漲勢一直跟不上紅酒，即使連極昂價的頂級夏多內白酒也無可比擬。有不少極獨特優異、卻不太受主流市場喜好的白酒，價格甚至還下跌。西班牙的Fino雪莉酒就是最佳例子，即使是最頂級的酒款，在台灣卻只要數百元就能買到。

又如以白梢楠（Chenin Blanc）葡萄釀成的白酒，也是薪水階級都能買得起的世界級珍釀。這個原產自法國羅亞爾河的品種，有著相當爽口的酸味，無論釀成貴腐甜酒或干白酒，都非常耐久，並能變化出迷人的多變香氣。即使是最知名酒莊所產的最頂尖酒款：Nicolas Joly的La Coulée de Serrant，售價只要五十歐元，全球大概有千款以上的夏多內白酒以及數以百計的香檳，都比它來得昂貴。

而以麗絲玲釀成的頂級貴腐甜酒，因為稀有，價格甚至超越許多紅酒名釀。但釀成不甜白酒的麗絲玲卻相當平價，例如澳洲最最精英昂價的麗絲玲干白酒：Grosset酒莊的Polish Hill，在澳洲一瓶市價不過是三十元有找。

如果你的收入跟我一樣微薄，卻還沒認識這些精彩白酒，也許現在正是喝白酒度小月的好時機。

薄酒來，不平凡的日常紅酒

隨手可得之物，總難讓人相信可以堅固恆久，能經得起時間錘鍊的，好似非得珍貴的東西不可，如鑽石或純真的愛情。可口易飲的葡萄酒，通常價格不貴也不稀有，如才剛初釀成時就已經十分鮮美的薄酒來，少有人相信這樣早熟，以加美釀造的青春紅酒，也可以歷經數十年光陰，像那些頂級昂貴的稀世珍釀一般，熟成出迷人的時光滋味。這是加美的宿命，雖然，事實並非如此。

加美和黑皮諾是法國東北部的主要品種，自中世紀以來，兩者互為競爭對手，加美釀成的酒清淡易飲，頗受大眾喜好；風格精緻優雅的黑皮諾，則較受社會精英的青睞。布根地公爵菲利普二世曾發布禁種加美的禁令。但即便嚴禁百年，仍有許多農民繼續種加美，因其釀成的紅酒柔和易飲，價格也便宜，反而更受歡迎。

二〇〇九年，來自布根地的Bouchard P. & F.在Fleurie村北買下千年名莊Ch. de Poncié，釀造出純淨結實，卻也相當可口的全新Fleurie。二〇二〇年轉而成為里昂富商Jean-Loup Rogé的產業。

GRANDS VINS
VILLA PONCIAGO
ExB9

加美在布根地只種植於條件差的平原，最好的山坡全都讓給黑皮諾，在薄酒來，加美才有機會種在最好的向陽山坡。特別是薄酒來北部幾個酒村如Morgon、Moulin à Vent、Fleurie和Juliena等，常釀成可與黑皮諾相媲美的精緻紅酒，但即使如此，仍能保留加美柔和易飲的平民特性。在價格上也同樣如此，頂級的黑皮諾一瓶要數百甚至上千歐元，但最頂級的薄酒來卻很少超過二十歐元。

葡萄酒是否能耐久存，比我們所理解的還要來得複雜，一些年輕時輕柔可口的酒卻出人意料地耐久，而且可以隨著時間變幻出迷人的陳年滋味。曾經我們相信單寧讓紅酒得以久存，多澀味的紅酒較不容易氧化，但並不表示就可以優雅均衡地成熟。最近幾年喝過非常多一九六〇與一九七〇年代的薄酒來老酒，美味的程度讓我不得不改變想法。他們都像極了同一時期成熟的布根地紅酒，有些甚至顯得更新鮮年輕。

確實，我也對十一月就上市的薄酒來新酒感到厭倦，因趕早而加快釀造的結果，讓加美葡萄失去許多原本該有的風味。無論多麼風行，新酒僅只是薄酒來的多種樣貌之一。

薄酒來北部有十個產酒名村，稱為薄酒來特級村莊（Crus de Beaujolais），葡萄園位在由長石與雲母所構成的花崗岩山坡上。這種常帶粉紅顏色的結晶岩雖然堅硬，但隨著數千萬年的侵蝕，風化崩裂成粗砂，覆蓋在堅硬的岩層上。因貧瘠且少水分，生長其上的加美長出更成熟、也更有個性的葡萄，釀成的酒比長在石灰質黏土的加美多一些緊緻的單寧，除了芍藥與莓果，也能多一些礦石、甚至類似黑皮諾的櫻桃香氣。這樣的加美更耐久存，需要多幾個月的時間培養熟成才能裝瓶上市，雖不適合釀造新酒，卻能釀成有更多變化的精緻紅酒，可以早喝，卻也很適合陳年。

葡萄酒的美味價值很少跟金錢價值成正比，特別是在餐桌上。日常的葡萄酒因為平易近人，常比精緻獨特的珍釀更適合用來佐餐，越平實的葡萄酒反而能帶來更多美味的愉快經驗。薄酒來便是日常紅酒中的首選，無論是海鮮或肉類料理都頗合適。但加美並不僅只是年輕鮮美，卻又跟珍貴難得的名酒一樣有超乎想像的耐久潛能。

在我們的環境中，適合日常喝的酒，因為容易買到，不夠奢華，也不夠夢幻，反而最常被輕忽。日常就能來一杯的葡萄酒，卻是一點都不平凡，這是從薄酒來學到，最珍貴的一課。

紅加白

品酒專家們常常像漱口般地嘗一口葡萄酒就馬上吐掉，只為葡萄酒品評分數，有時難免會忘了可口易飲其實也是一瓶好酒應該有的最基本條件。畢竟，我們在選擇一夜情人或是要一起經營生活的伴侶時，通常會用不同的標準來看待。

當品酒專家們的一夜情口味，影響釀酒師們更加努力地釀出更濃的酒時，又遇上地球暖化，讓葡萄越來越容易成熟甚至過熟，於是，葡萄酒變得越來越濃，便成為我們這個時代的必然趨勢，只適合淺嘗一口、卻完全不想再來一杯的葡萄酒越來越多。喝到濃得難以入口的葡萄酒，自然也成為司空見慣的事。

有些時候，真想在酒裡偷偷加一點水，這樣也許可以讓葡萄酒的味道更均衡一點，至少可以多喝幾杯也不會覺得膩口。我不是唯一一個有這樣困擾的人。但是，除了加水，

是的，你沒有看錯，超級好年分的羅第丘，酒精度卻只有十二·五%，裡頭添加了五%維歐尼耶釀造，喝過這款酒，誰還想只喝La-La-La呢？

其實還有其他妙方，可以更巧妙、更渾然天成地淡化葡萄酒，讓超濃的紅酒喝起來更豐富也更精巧。

大約從二〇〇〇年開始，在黑葡萄希哈裡加入一些白葡萄維歐尼耶（Viognier）一起釀造，開始在澳洲與新世界產國流行起來，十年來已經形成一種新的紅酒類型。這一風潮，其實不過是法國北隆河產區裡的傳統老方法。黑葡萄加一些白葡萄一起釀的老式釀法，其妙處不僅在於讓酒變淡添香，有時甚至還能讓紅酒的顏色變得更深更紅。

法國對葡萄酒的生產釀造有十分繁複的規定，例如釀造粉紅酒時，禁止以紅酒添加白酒混調。不過，在黑葡萄裡添加白葡萄一起釀造卻不在禁止之列。北隆河產區最北端的羅第丘（Côte Rôtie）以產希哈紅酒聞名，南鄰的恭得里奧（Condrieu）產區則是專門生產維歐尼耶釀成的白酒。附近的種苗園早期所提供的希哈樹苗常夾雜著一些維歐尼耶在裡面，羅第丘便意外地開始這樣的黑白混釀，因效果頗佳，便延續成為傳統。

不過，大部分酒莊很少種植超過五%的維歐尼耶，特別是羅第丘北邊的棕丘（Côte Brune），因為紅色黏土質不適合維歐尼耶，幾乎沒有種植，出產的紅酒以特別緊澀堅硬聞名；南邊的金黃丘（Côte Blonde）混有一點泥灰白堊土與砂質土，土壤較不黏密，維歐尼耶較易生長，產的酒向來比較柔和優雅。除了土壤不同，其實南北兩區的差異也跟是否添加維歐尼耶有關。

最有趣的是，原本就以酸味低、口感肥潤聞名的維歐尼耶，是一個比希哈還要早熟的品種，所以當採收正常熟度的希哈時，維歐尼耶通常已經過熟了，不僅比希哈甜度高，也有更濃的香氣。而這樣的成熟時間差距，讓年輕時常有點粗獷的希哈，僅是添加一點點的維歐尼耶，就能釀成有甜潤柔和口感的迷人紅酒。相較於北隆河其他產希哈紅酒的知名產區，如艾米達吉（Hermitage），羅第丘常顯得較為輕巧柔和，有更多的花果香氣，喝起來更高雅均衡，有更多精巧的細膩變化，那一點點白葡萄，正是決定風格的關鍵少數。

在釀造紅酒時，顏色深淺並不全然和含有多少紅色素有關，這些紅色素如果不能在輔助因子的協助下產生共色作用，在釀造和培養的過程中就會沉澱，讓酒褪色。白葡萄皮中常含有定色的輔助因子，添加白葡萄不但不會使酒色變淡，反而還有定色功能。紅加白，並不一定就會變得比較淡，不論在顏色或品質上，我想都是如此。

侍酒師的價值

sommelier是個法文字，一個在餐廳裡負責飲料服務的職稱，因為是從法國開始的，而當地人在餐廳裡喝的大多是葡萄酒，所以稱sommelier是餐廳中負責葡萄酒服務的人，也算八九不離十，雖然餐廳裡的烈酒、咖啡和礦泉水也都歸他們管。

sommelier於是也常被翻成英文的wine waiter，不過，英文的這個職稱做的工作似乎比較簡單一些，sommelier的責任較重，常直屬老闆管轄或是由餐廳經理兼任。在高級美食餐廳裡，sommelier還分成不同的職階，除了實習生之外，commis sommelier最低階，比較像wine waiter，最高階的則是chef sommelier，角色跟外場經理一樣重要。

現在，sommelier也有中文譯名，多半譯成侍酒師，也有比較像wine waiter的葡萄酒侍，不過在香港卻譯為品酒師，也許聽起來浪漫一些，但在字義上卻流失了在餐廳工作

左

義大利侍酒師頗愛虛張聲勢，即使派不上用場，也常在胸前掛上一只tastevin。

右

有個美麗且透明的控溫酒窖已是全球流行頂尖餐廳的基本配備，但是，一個專業且善於溝通的侍酒師其實更加重要。

的痕跡。

葡萄酒是全世界最複雜的飲料，以此為專業的侍酒師自然要具有充分的葡萄酒知識與經驗才能勝任，其工作內容和職責也比一般外場服務人員要複雜許多。除了挑選相適的酒杯、調整酒的溫度、換瓶醒酒及確認品質之外，最重要的還要針對客人的喜好、所點的菜色以及預算，提供點酒建議。

為餐廳建立一份酒單也是侍酒師的職責，除了要挑選適合搭配餐廳菜色的葡萄酒，也要針對預算和客群的需求來衡量，有想法的侍酒師還可以透過酒單表現自己的選酒風格。從一份以名牌酒莊組成的經典酒單，或是偏重小酒莊的新發現酒單，都可以看出侍酒師的用意與想法。管理這份酒單的背後，還有更繁雜的工作，如何適當的保存、採買與庫存的管理，都屬侍酒師的職責所在。

但上述種種，卻都只是侍酒師表面上的工作而已，一個成功的侍酒師，在餐廳裡還必須扮演一個更重要且無可取代的角色，那就是要同時身兼主廚、葡萄酒與客人之間的溝通橋梁。在法國，一頓飯是否吃得賓主盡歡，能否留下美好的用餐經驗，佐餐的葡萄酒常常是成敗關鍵。如何選出適合的酒，就必須靠侍酒師居間擔任溝通的媒介，要選出能搭配主廚菜色，讓菜變得更可口多變的酒，也許不難，但要能在簡短對話中瞭解客人的個性和口味，選出符合偏好又能配菜的酒，絕對比換瓶醒酒這些事更稱得上是侍酒師的絕技。

許多人會認為侍酒師是高級法國餐廳才有的職位，但葡萄酒佐餐其實並沒有太多國界上的界限，在我們的環境裡，反而有更多人需要侍酒師來提供專業服務，讓葡萄酒在餐廳中可以更友善，更容易親近，而不是只提供一份聊備一格的生冷酒單。

如果你跟我一樣，認為佐餐是葡萄酒最理想的終點，相信你也會認同餐廳裡有一個侍酒師是多麼重要。在我的生命經驗中，許多美好的記憶都是在有葡萄酒相伴的餐桌上留下來的，除了衷心感謝這些在世界各地餐廳中擔任葡萄酒信使的侍酒師，也希望有更多餐廳，特別是我們生活中常見的中餐廳，能看到侍酒師的價值，可以讓更多人透過侍酒師的協助，體驗到有葡萄酒相伴的美妙經驗。

二八・四八的省思

在最近一個多月裡，「二八・四八」這個數字經常困擾著我。能夠成為世界第一的事，通常我們都會以台灣之光相稱，不過這一回，我不太確定這是否是件值得慶幸的光采事。數字常讓我們看清一些事，但也可能掩蓋真相。

從一九九〇年代末以來，台灣進口的布根地葡萄酒，出廠均價就經常是全球最高。到了二〇〇九年，這個平均價格竟然來到了二八・四八歐元。我想，大部分本地的布根地酒迷看到這樣的數字，應該都不以為貴，因為這個價格大概就是市面上一瓶賣兩、三千元的布根地葡萄酒。

但，真的如此嗎？英國是布根地最大的海外市場，銷往當地的平均出廠價每瓶才五・〇五歐元，遠不及台灣的五分之一。在歐元區，布根地的出廠均價更僅有台灣的六分之

特級園Chambertin Clos de Bèze是伯恩酒商Louis Jadot在哲維瑞（Gevrey）村的旗艦酒款，占地僅有〇．四二公頃，年產量只有一百多箱。

一，更不要說在喝葡萄酒這件事情上頗省儉的荷蘭，每瓶僅四・三二歐元；即使在富裕的瑞士，也僅十二・六二歐元。

均價最高的幾個國家都在亞洲，如僅次於台灣的香港，是十九・五三歐元，新加坡，十六・四二，南韓，十三・一〇。亞洲最富有的日本是布根地第三大市場，出廠均價卻僅八・九二歐元，跟第二大市場美國的八・三四相當接近。我們該如何看待這個遠高於世界各國的二八・四八歐元呢？

通常，葡萄酒有越多人喝、越普及的市場，價格就會越低。只進昂價的布根地，是否意味著台灣是布根地最不普及的國家？難道真的只有億萬富豪喝布根地？還是布根地酒迷們只認識頂尖名園與夢幻酒莊的頂級酒呢？或者，這只是真實反映本地酒迷們篤信的信念，越稀有少見，或更直接的，越昂價的就是最好？一如我們在蘇格蘭單一麥芽威士忌市場看到的類似現象。

最近幾年來，我遇到的讀者跟葡萄酒友們，絕大部分都說布根地是他們最喜愛的葡萄酒產區，不過也經常聽到他們抱怨布根地的酒價漲得太兇，完全買不起。

但同時，我也常聽到進口商們反應，布根地最昂價的特級園，即使越來越貴，只要不比國際行情高太多，一上市通常就能銷售一空。但便宜的村莊級以及更便宜的

Bourgogne等級，反而很少人購買，至於酒價最低廉的馬貢（Mâcon）區和夏隆丘（Côtes Chalonnaises）更是乏人問津。甚至，就連伯恩丘的紅酒，如Beaune、Volnay、Savigny-lès-Beaune等等，即使價格比夜丘區的村莊便宜，還是很少有人願意嘗試。有酒商用票房毒藥來形容，說進過一次就不敢再進。但從各國進口價來看，顯然並非如此，還是有著為數龐大、占絕大多數比例的布根地葡萄酒，等著台灣愛好者發現它們的美味價值。

以寫作為生，我的購酒預算並不多，最近我開始把預算花在購買夏布利白酒上。許多風格純淨的迷人夏布利，完全稱得上頂級的夏多內，跟伯恩丘特級園白酒的最大不同是，其出廠價常常不到十五歐元，根本只是特級園的零頭。

在伯恩丘一些較不知名的村莊，有許多位置極佳、主產白酒的一級園，常有特級園少有的活力，如Saint Aubin的En Remilly，Pernand-Vergelesses的Sous Frétilles，酒價也都只是特級園的零頭。如果買得到，我也非常願意購買馬貢地區的白酒，許多可口清新、極適合佐餐的Mâcon Villages，出廠價通常不到五歐元，沒有比這更美味划算的夏多內了。

去年，我到當地知名酒商拜訪莊主，談到台灣，他皺了一下眉頭：「我其實感到很疑惑，我們最感驕傲的是這些Mâcon Villages，但你們國家的進口商卻只想買那些Robert Parker打高分的昂價伯恩丘白酒。」其實，在這件事情上，我比他更感疑惑。

Valérie de Lescure是一位葡萄酒作家，二〇〇七年她跟一位侍酒師合作，出版一本指南式的葡萄酒書。法文的書名很長，翻成中文意思大概是「告訴我你是什麼樣的人，我將告訴你該喝哪些葡萄酒」。在成堆的葡萄酒購買指南中，這本書確實頗為特別，因為書中挑選出來的兩百瓶葡萄酒，沒有分數也沒有星星評等，完全只是依據讀者所勾選的個人行為模式問卷，歸納出人格特質，然後給予個人化的葡萄酒推薦。

例如，摳門性格的人被建議用Domaine de Tariquet酒莊最低價、卻頗新鮮爽口的Uni Colombard白酒，來取代為了省錢才買的廉價劣酒。有明星性格的人，作者提供了十款頂級香檳，包括午後一點喝的Cristal de Roederer在內，可以二十四小時全天候從早喝到晚。有宗教狂熱個性的人，作者則推薦品嘗Domaine de Montrieux酒莊強調純天然、不含二氧

Ch. Climens的小垂直試飲，都是精巧輕盈風味的頂級貴腐甜酒。但如果要再喝一杯，我會選最左邊那瓶二軍酒Cyprès de Climens，好喝得像是長了翅膀的甜美天使。

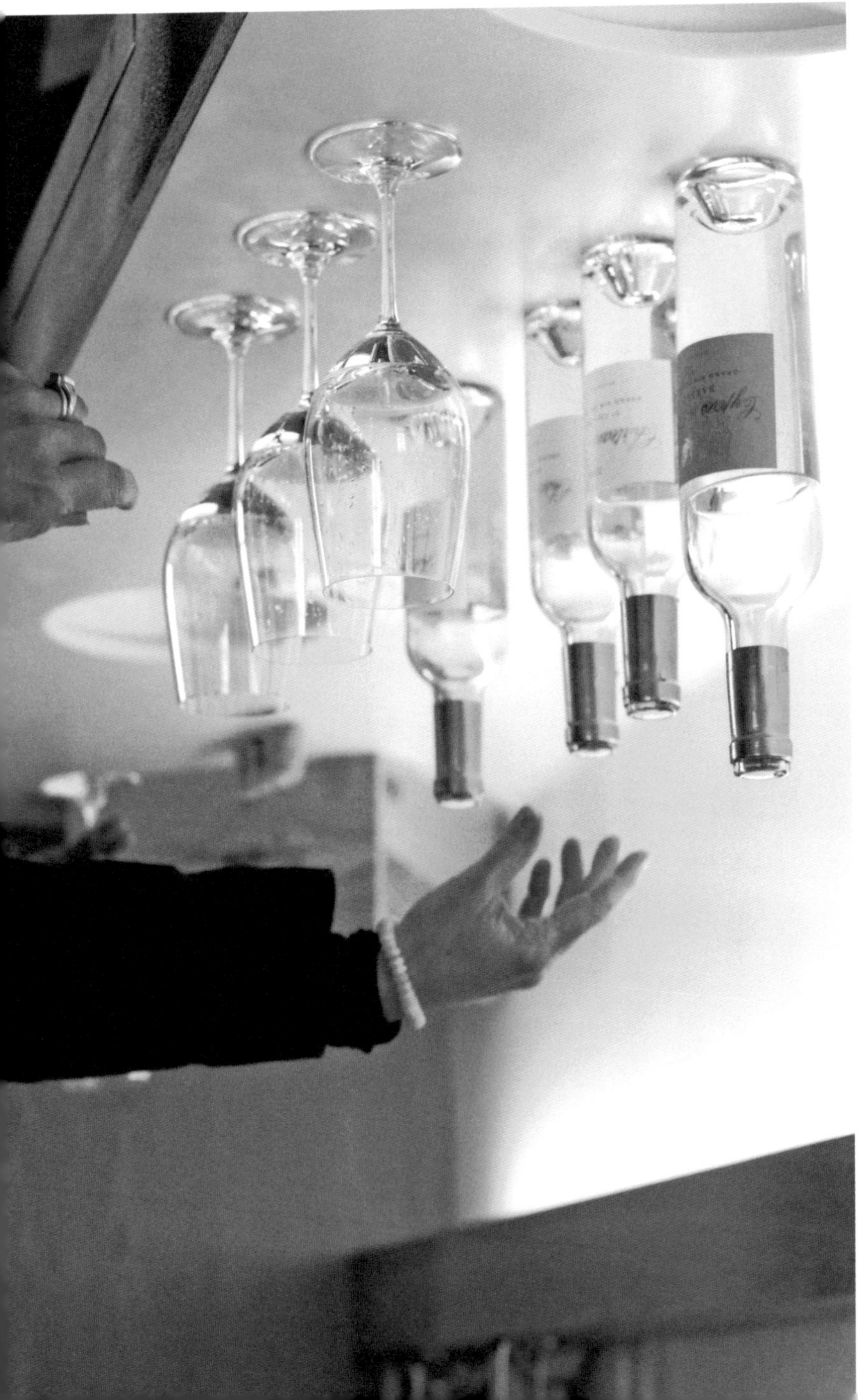

化硫的Boisson Rouge氣泡甜紅酒。至於迷失者，作者建議喝一下單寧濃澀到可以「強化血管」的Château Bouscassé以及其他九瓶經典基本款葡萄酒，以重建日後選酒的基礎。

雖然我不認為這是一本實用的葡萄酒指南，而且看起來跟無稽的葡萄酒占星術沒太大差別。不過，我還是花了一瓶阿爾薩斯（Alsace）麗絲玲特級園白酒的價格，買了這本書。說真的現在有些後悔，但倒也不是全無用處。至少，作者用一種帶著幽默的方式告訴我們：會喜歡喝哪些類型的葡萄酒、用什麼樣的邏輯與理念挑選葡萄酒，跟一個人喜歡聽哪些音樂，看哪些電影，讀哪些書一樣，總有脈絡可尋，絕非完全出於偶然，而是跟飲者的個性與生活型態息息相關。更重要的是，同一瓶酒對不同個性的人也將會有不同的味覺意義。希望這本書能夠讓葡萄酒業的工作者瞭解到，只靠著酒評家的分數和星星賣葡萄酒，實在是對分眾行銷麻木不仁的最佳範例。

讀過葡萄酒漫畫《神之雫》的人，對於「什麼樣的人，喝什麼樣的葡萄酒」這樣的命題應該不會太陌生。人們尋找喜好的葡萄酒，除了止渴、除了美味、除了炫耀品味或財富，何嘗不是也在尋求著更接近內在自我的人生滋味。除了我們自己，沒有人可以提供我們確切的解答。最珍貴迷人，也可能是最難尋的，是真能感動人心，讓人彷彿嘗到人生滋味的葡萄酒。而這絕不是只能在那些頂級的、昂價的、或是酒商口中所謂「限量」

的葡萄酒中才能找到。當然，一百分跟五顆星的葡萄酒也絕不是最好的解答。

當你可以安靜下來，稍稍忘記對那些稀世頂級珍釀的渴求，用人生經歷、用體驗生命的方式來品嘗葡萄酒，傾聽葡萄酒裡的聲音，或許，在漫畫虛構的情節之外，也真能在酒中嘗出自己的人生滋味，在生命的歷程中找到一些可以相伴的葡萄酒。甚至，從這些酒中，意外地尋找到自己。

夏多內的減重風

在品嘗完二〇〇七年分酸味強勁有力的特級葡萄園白酒Corton-Charlemagne之後，我問酒莊主Dominique Guyon，跟十二年前相較，是否在釀造上有所改變。他語帶感慨地說：「我認為我們現在做的跟以前幾乎完全相反！」

確實，在經常強調傳統的布根地，夏多內白酒的釀造方法與風格竟然在十多年之間幾乎轉了一個大彎。一九九〇年代流行的，充滿奶油與香草香的肥厚白酒，現在已經被更清新、更多酸味與礦石氣的堅挺白酒所取代。

Dominique說，當時媒體跟酒評家鼓勵我們要晚採收，要用全新的木桶，而且要不斷地攪桶，讓酒更圓潤濃厚。我們照做了，分數也變高了。現在，我們做的，卻是完全相反的釀造法，要早採收，酸味要多，酸鹼值要低，酒精度不要太高，新木桶越少越好，

夏布利是夏多內風潮轉變的受益者。William Fèvre以乾淨純粹、帶有透明感的酒風，短短數年內就晉身夏布利的最精英酒莊之林。

而且最好不要攪桶。我們跟著改變，最近幾年分數也變高了。也許，全球化對於這家有四十六公頃葡萄園，主銷英、美市場的布根地酒莊，確實有巨大的影響力。

不過，布根地白酒有如此轉變，最大的推力也許不是國際媒體口味的改換，而是至今尚未找出原因，自一九九五年分以來經常出現的早熟氧化意外。最讓人難以面對的是，這些在裝瓶之後幾個月就出現氧化現象的布根地白酒，並非只出自不重品質、設備陳舊的酒莊，許多名莊也名列其中，尤其還包括許多被認為最適合陳年的特級葡萄園。

如此詭異的現象，到晚近的二〇〇五年分都還偶爾出現，影響了多家布根地名莊的聲譽，也讓布根地釀製白酒的莊主們不得不一一省思過去十多年來，在種植與釀造上到底哪裡錯了？為何先進的設備與科學的釀酒法，卻讓釀出的夏多內比他們父親那一輩更不耐久？

多年來，布根地酒業公會已經進行非常多項科學研究，至今還沒找到任何明確的原因來解釋所有提早氧化的問題。不過，各家酒莊其實早已探尋出各自的解答。許多一九九〇年代才開始盛行，讓夏多內白酒更圓潤肥腴、更受美國市場喜愛的釀造法，如新橡木桶、晚採收、攪桶、輕柔氣墊榨汁等，被懷疑是造成葡萄酒氧化的可能原因，於是開始被捨棄，或減少使用的比例和頻率。

布根地白酒的減肥運動於是展開。葡萄採早一點，有更多酸味，顯得高瘦輕盈，有時甚至顯得蒼勁鋒利。這股清流不只停留在布根地，也流向其他夏多內產國，如澳洲，曾經被認為是讓夏多內如奶油般濃肥的產國，現在也常釀出酸味強勁有力、非常有精神的夏多內白酒。

銳利堅硬的緊繃酸味與多礦石香氣，繼圓滑與奶油之後也成為布根地白酒的關鍵字。產自布根地北部的夏布利白酒近年來大受歡迎，絕非出於偶然，因為夏布利白酒中最不缺的就是酸味和礦石味，在較寒冷的年分甚至還會顯得有些清瘦，不需減肥，就能非常苗條。在布根地南邊的普依—富塞（Pouilly-Fuissé）也出現轉變，在這個由五個酒村組成的白酒名產區中，原本海拔最高、因成熟度較差而被視為品質較差的Vergisson村，現在卻是全區最受矚目的酒村，集聚最多充滿活力的精英名廠。

對於喜好清新白酒的酒迷們，布根地白酒提早氧化的意外實為因禍得福的例證。而把葡萄酒當作佐餐飲料的人，現在更容易挑選夏多內來搭配料理，無需再擔心惱人的橡木桶味與肥膩的酒體會壞了好胃口。

價格與價值

最便宜的葡萄酒，標準瓶七百五十毫升，在歐洲零售市場上不到兩歐元就可以買到，最貴的，即使是新近上市的年分，卻可達上萬歐元。在貧與富早已兩極化的年代，這樣高的價差還是相當驚人。常有讀者忍不住問：越貴的葡萄酒真的越好喝嗎？

看似簡單的問題往往最難回答。在葡萄酒的世界裡，美味價值和金錢價值之間的距離，是遠是近，單看飲者追求什麼。對於熱衷附庸風雅的人來說，自然是越貴的越好，要靠葡萄酒彰顯財富的人應該也是。

很多時候，昂價的葡萄酒跟高級訂製服一樣，重點不在好或不好，而是要有獨特性，而且稀有，但前提是要小資與中產都買不起，至於越貴越美麗或更美味，其實並不是重點。當然，如果有酒評家的高分評價更好，比較貴的酒款確實常得較高分數，不過現在

上

雖然外表看來有些寒酸，但波雅克（Pauillac）村的拉菲堡其實是梅多克（Médoc）最貴氣的酒莊。

下

波雅克村一級酒莊拉圖堡，莊主也擁有GUCCI、YSL、Bottega Veneta、Balenciaga等奢侈品名牌，對於定價自然相當擅長。

主要的酒評其實已經很少採矇瓶試飲了，是否只因為是高價名酒而得高分，其實也很難斷定，畢竟看酒標喝酒並非只是一般愛好者的專利。

Bodegas Muga是西班牙利奧哈（Rioja）產區的重要名莊，我除了在許多品嘗會喝過，十多年來也多次參訪這家位在Haro鎮上的酒莊。在多次品飲全系列酒款之後，在我心目中Muga酒莊最精彩的酒一直是Prado Enea，屬於老式的Gran Reserva紅酒，在西班牙，新出廠的年分一瓶不到四十歐元。

酒莊最昂價的酒稱為Aro，走新式路線，每瓶要價一百一十歐元，因為太濃厚，加上太多新木桶香氣，即使只倒一小杯也很難喝完，不過酒評的分數倒是非常高。連酒莊第三代經營者與釀酒師Manu和Jorge Muga都私下承認，釀造這款酒只是要證明他們也有能力釀出美國酒評家喜好的高分酒。事實上，同屬於新式酒款的Torre Muga比Aro更加均衡優雅，才是Muga的最佳新式紅酒，市價近五十歐元，不到Aro的一半。

頂級葡萄酒越來越往精品業靠攏，也學會用高定價作為行銷手段，最受議論的例子當數澳洲奔富酒莊（Penfold）去年推出的，每瓶超過十萬英鎊的二〇〇四年Block 42紅酒。為什麼這麼貴？因為只產十二瓶，只要能達到宣傳效果，即使沒有人買也無妨，事實是推出半年多尚未售罄。

當超級昂價只是為了行銷廠牌名聲，或只是為特定分眾市場而設，就只是貴，倒不一定真有十倍、百倍、千倍或甚至萬倍的價值。只是，在我們這樣的時代裡，還是有人相信越貴的葡萄酒越好，而許多昂價的頂級酒正是特別為他們釀造與定價。

Alain-Dominique Perrin是全球第二大奢侈業集團Richemont前任總裁，二〇〇八年春天，他曾經在媒體上公開宣稱：「如果波爾多五大酒莊二〇〇七年葡萄酒每瓶預售價格訂為五百歐元，那是不道德的。」他認為不道德的原因，在於生產一瓶頂級酒的成本只有十到十二歐元，而這些酒莊的預售價卻是成本的五十倍，他所熟悉的奢侈品業，定價最高的產品也不過是成本的十七倍。

Perrin當時還直指：「如果在葡萄酒世界中還存在道德的話，所有頂級酒都必須回到一瓶一百歐元。」在定價上，波爾多的頂尖葡萄酒連利潤最高的奢侈品業都望塵莫及。事實上，波爾多五大酒莊在二〇一〇的新酒預售價格全都突破了六百歐元。

雖然葡萄酒的價格跟全球的貧富差距一樣越來越兩極，但今日的葡萄酒世界卻因釀酒技術的提升與激烈的市場競爭，有著有史以來為數最繁多、充滿個性與地方風味，而且釀製精良的超值葡萄酒，在我心中，這些才是現下最值得挑選的酒。那些大部分都不太合我口味的頂級珍釀，還是讓給億萬富豪們吧！

當侍酒師變成釀酒師

「如果人生可以重來，我仍然希望先成為一個侍酒師之後，再當釀酒師。」——Greg Harrington（M.S.）

在美國華盛頓州Walla Walla產區的品酒會上遇到Gramercy Cellars酒莊的莊主Greg Harrington。當天來參加的還包括L'Ecole No 41、K Vintner、Woodward Canyon、Pepper Bridge和Spring Valley Vineyard等十多家名廠。但是讓我印象最深刻的，卻是Greg釀的Lagniappe希哈紅酒，有著真正寒冷氣候才能有的優雅風味，在向來以濃厚紅酒聞名的華盛頓州，這樣細緻均衡的質地實在很少見。

華盛頓東邊高緯度但卻近似沙漠的獨特環境，幾乎稱得上是釀酒師的天堂。因為透過

在華盛頓州的沙漠裡，不僅難以釀出細緻輕巧的酒，葡萄樹也需要倚賴人工灌溉才能存活，但透過控制水量的供給，也能形塑出葡萄酒的風格。

人工灌溉系統，在大部分的時候都可以隨心所欲地種出皮厚、完全成熟的健康葡萄。但最難的，卻是釀出精巧風格的葡萄酒。

Gramercy Cellars是二〇〇五年才創立的小酒莊，現在就釀出如此獨特有趣的酒，確實出乎意料，但卻絕非偶然。Greg是一位侍酒大師（Master Sommelier），而且是當年得到這項難得頭銜的最年輕美國人，在轉行釀酒之前，當了將近二十年的侍酒師。如果在釀酒時想著餐廳裡的美味料理，也許，全球各地的釀酒師們就不會釀出那些超級濃縮、一點都不適合佐餐的葡萄酒了。近年來，葡萄酒業的潮流已經從講究釀酒技術轉變到注重葡萄園和土地，現在，也許更應該回到餐桌上，畢竟，那才是一瓶葡萄酒能為我們帶來最多美好經驗的最後終點。

兩星期後，我跟Greg約在西雅圖碰面，他還帶來他釀的田帕尼優（Tempranillo）紅酒，這個西班牙最常見的品種似乎很適合Walla Walla的氣候。Greg說，剛開始他是為了希哈才決定到Walla Walla來，卻因為要找可以跟希哈混合的品種，發現了一些很有趣的格那希（Grenache）；也因為起初買的希哈葡萄園裡種有田帕尼優，才意外釀出可能是該品種在北美最成功的例子。

Greg說他喜歡酒精度較低、均衡多酸味的葡萄酒，所以經常比其他名廠更早採收葡萄，也尋找氣候更冷涼的葡萄園。也許這正是他所釀的酒可以如此風格獨具的原因之一。他說：「如果人生可以重來，我仍希望先成為一個侍酒師之後，再當釀酒師。」我想，如果Greg先去加州大學戴維斯分校（Davis）念釀酒學，也許他釀成的酒就會跟其他酒莊一樣，純粹的釀酒師觀點，但是卻可能少了一些更宏觀、或甚至更貼近生活與人性的想法。

為了釀出更好的葡萄酒，現在，採完葡萄運回酒莊釀造之前，很多注重品質的酒莊都會進行人工篩選，挑掉感染黴菌或不成熟的葡萄串，然後進行去梗與發酵。Greg說，現在開始有酒莊購買更先進的去梗機，在葡萄去梗之後，還進行第二次篩選，逐粒挑除品質不好、或成熟較不佳、或沒有完全轉色的葡萄。但在他眼中，這些不完美的葡萄也許正是可以釀出更均衡、更多細節變化的關鍵。他自稱是極簡主義式（minimalist）的釀造法，在葡萄酒的世界裡，多做不一定比少做好，特別是要釀出更均衡的葡萄酒時。

人生常有許多意外轉折，就像繞了很遠的侍酒師之路才完成自己釀酒的夢想，但這些轉折絕非白費，至少，在華盛頓州的葡萄酒地圖上，總算可以有一個不以濃厚強力為目標的新風格。

CriaderaCa
Mendoz
1
384

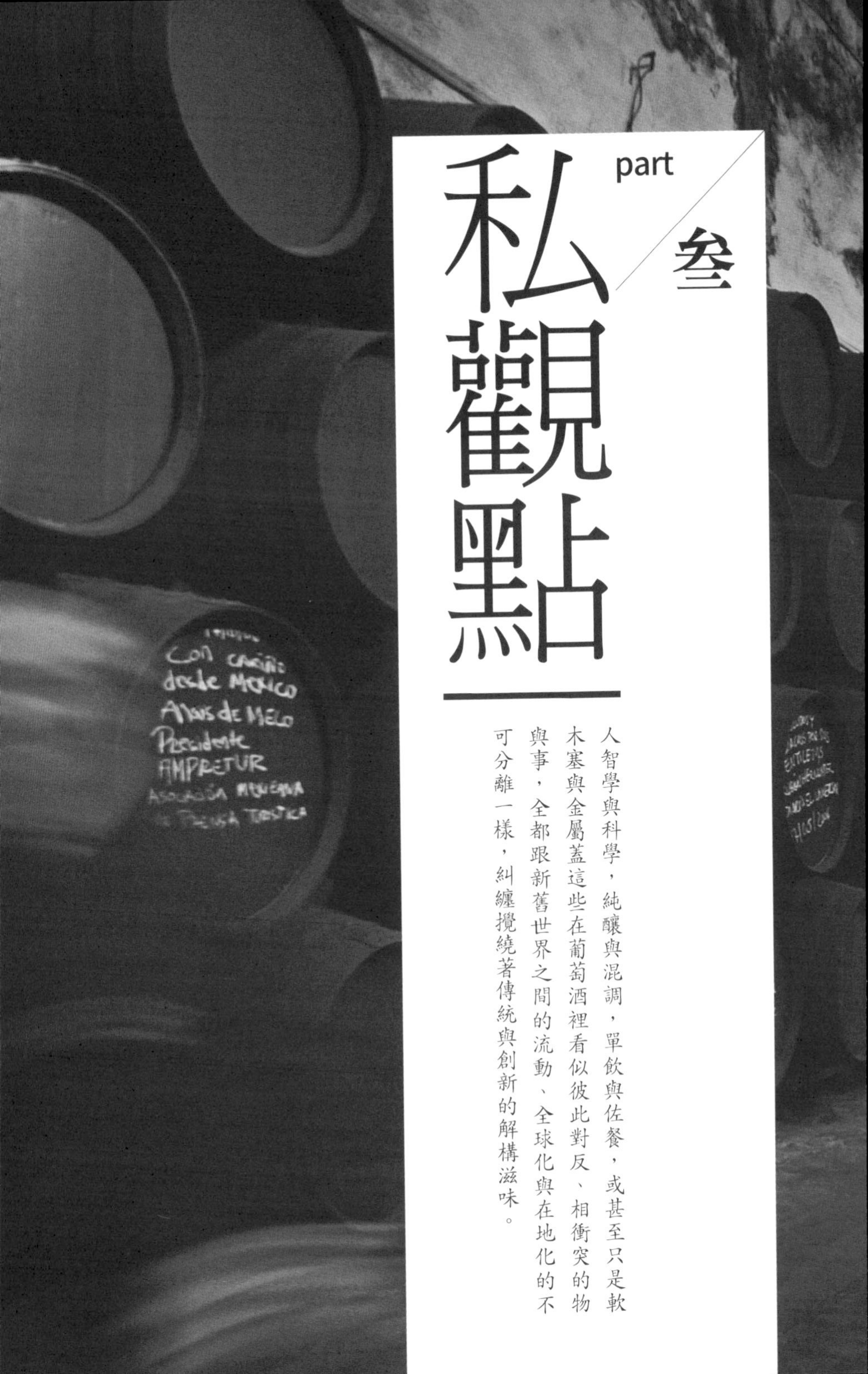

part 叁

私觀點

人智學與科學，純釀與混調，單飲與佐餐，或甚至只是軟木塞與金屬蓋這些在葡萄酒裡看似彼此對反、相衝突的物與事，全都跟新舊世界之間的流動、全球化與在地化的不可分離一樣，糾纏攪繞著傳統與創新的解構滋味。

葡萄酒的世界，世界的葡萄酒

Cerdon是一種氣泡酒，產自法國鄰近阿爾卑斯山的Bugey產區，不同於香檳氣泡酒的精緻釀法，Cerdon是一種更手工藝式，更簡易自然，也許更純樸直接的傳統地區性飲料。酒精發酵還沒完成就直接裝瓶，殘餘的糖分繼續發酵成為氣泡酒，因為沒有除渣，還帶著一些死酵母酒渣在酒裡面。

這樣風格的酒產量少，很難商品化。但這種連大部分法國人都很少聽聞的葡萄酒，我卻在台中一家葡萄酒專賣店裡買到一瓶。也許出於偶然，但也可能因為全球化，才能讓遙遠的葡萄酒迷品嘗到連酒莊鄰居都沒有機會欣賞的有趣滋味。

二〇〇四年底發行的紀錄片《葡萄酒的世界*Mondovino*》，六年之後才在台灣正式上映。也許因為這一點點的時間距離，再看這部以全球化對葡萄酒業的影響為主題的紀錄

來自山區的冷風從Lavaut背斜谷一路流灌下來，但過了這道牆，冷風戛然而止，便是布根地最精彩的一級園Clos St. Jacques。

片，顯得更加發人深省，也許更能看清一些事實。

葡萄酒是一首詩歌，也可以是俗氣的商品，或者很日常平凡的一杯佐餐飲料。跟啤酒不同的是，葡萄酒在一九三〇年代的法國，選擇走向以法律規範地區葡萄酒風格的路線，讓葡萄酒的地方性成為美味價值的核心之一。這個理念甚至透過歐盟的成立擴展到全歐洲。

在全球化的時代，競爭對手不再只是鄰居，而是全世界，如果沒有辦法在價格上競爭，想要在國際市場上贏得注意，若不是靠行銷與創意，也許只能靠品質了。但在葡萄酒的世界裡卻還有其他更有趣的選項，那就是獨特的地方風格。現在，連所謂的新世界產國也在建立自己特有的在地風格，例如曾經被認為最會利用釀酒科技生產大量國際風葡萄酒的澳洲，正努力樹立產區特色。因為唯有如此，才能擁有獨一無二的優勢，不須陷入無止盡的低價競爭之中。

近十年來，西班牙成為全球最受矚目的葡萄酒產國，依恃的並非流行的世界品種，反而是許多原本沒沒無聞、或幾近消失，被認為毫無價值的地區性品種，如博巴爾（Bobal）、門西亞（Mencía）和佳麗濃（Cariñena）。不同的是，這些舊品種和老產區，被新一代釀酒師釀成了更接近國際口味的全新風格。舊時的風味看似消失，卻轉化成另一種形式被沿襲下來。意外地，原本在上個世紀末要為全球化市場所淘汰的許多西班牙葡萄園與古老地方品種，竟然在二十一世紀成為市場追逐的焦點。

葡萄酒業確實因全球化而改變了，媒體結合釀酒師而成的主流風格，主宰著今日的葡萄酒世界，更多新式的釀酒技術被應用到全球各地的葡萄酒窖裡，許多原本生產清淡顏色、柔和口味的產區，也能藉由新式科技釀出色深味濃的酒。但是，葡萄酒業的多樣性卻沒有因而消失。因為葡萄酒的世界在同質化的同時，卻也變得越來越廣闊。越來越多不曾種植葡萄的地方開始種植葡萄釀酒，與此同時，許多不曾盛行喝葡萄酒的國家或文化區，也開始加入飲用葡萄酒的行列。

葡萄酒的世界不再只是歐洲或美洲，早已發展成世界的葡萄酒。這個因全球化而來的轉變，讓更多元的文化加入這個原本就已經非常多樣的世界。對著全球化開槍確實很能引起共鳴，但我相信繁華多樣並不會因為全球化而消失，甚至還可能因為更多不同價值與文化的加入，變得更加迷人。柔和可愛的薄酒來紅酒曾經因為適合佐配當地的庶民飲食，如臘腸、火腿與腸肚包而存在，但現在，也可以因為搭配台式滷味而找到共鳴。

天涯若比鄰已經是一句老話，全球化只是葡萄酒世界裡的一個現象，但絕對不會，也永遠不會是葡萄酒的最後終點。

時間的價值

即使沒有一個一個問，但我相信即使不是百分之百，至少大部分專業酒評家都同意，一瓶精彩的珍釀必須要具備陳年的能力。

但是，為什麼呢？

也許箇中藏著人類對永恆價值的熱情與追尋。也許因為耐久存才讓葡萄酒從飲料變成可以保值或增值的收藏品。但是，除了這些外在原因，陳年耐久能讓葡萄酒在風味上產生什麼樣的影響？為何是晉身頂級珍釀的絕對必要條件？看似簡單的老問題，卻還是很難回答。最常聽到的答案是：「多喝一些精彩的陳年老酒，你就知道為什麼了。」

其實，可以陳年耐久的葡萄酒，常常和可口美味相衝突，至少在十多年前是如此。例如耐久的白酒通常酸鹼值低，酸味極高，年輕時喝起來如刀鋒般銳利的懾人酸味，常讓

上：老派的巴羅鏤（Barolo）是最需要時間的葡萄酒，年輕時就開來喝，實在不知有何美味的價值。

下：這家波雅克（Pauillac）村的列級名莊雖自拍賣場上買回一些老年分的酒，但缺乏原窖真藏，酒窖仍然顯得零落寒愴。

RISERVA
1971
RISERVA
1970

1962
15 BLLES
1961
39

人退避三舍。或如含較多酚類物質的紅酒，單寧含量高，雖是耐久的保障，但在年輕未成熟時就開瓶品嘗，口感常會顯得緊澀，難以入口。無論是紅酒或白酒，這些佳釀大都必須經過數年或十多年的瓶中熟成，才會達到適飲期，太早品嘗有時甚至於連可口好喝都稱不上。

不過，並非每個人都這樣想，至少，全球最具影響力的酒評家Robert Parker就對此感到不以為然。他認為，精彩的珍釀雖然成熟後會變得更好，但在年輕時就應該要能適飲，要讓即使是沒有太多陳酒經驗的人，也可以感受到酒中來自成熟葡萄的滋味。他甚至認為，年輕時不迷人也無果香的酒，陳年變老之後，情況不僅不會改善，反而會變得更難喝，更不討人喜歡。

這樣的觀點，不管是否與事實相符，卻深深影響近十多年來的全球頂級酒釀造。很多葡萄酒莊感受到無法再以「還未到達成熟期」當藉口、必須在年輕時就要可口適飲的壓力。有些釀酒師依照Robert Parker所明指的方向，開始選擇採用延後採收、成熟度更高的葡萄釀酒，同時也使用更多讓酒氧化與柔化的培養技術。我不太確定這樣的方法是否無法讓葡萄酒更耐久存，但肯定是更早就可以品嘗享用。

現在，足以陳年耐久的葡萄酒是否增多也許還有爭議，但年輕時酸澀難飲的頂級酒已經變得相當少見。而且在很多產區，生產此種風格葡萄酒的酒莊，甚至已經被視為頑固的保守派。老派酒迷甚至把這種酒莊當成是即將消失的傳統文化財般珍藏。

陳年的葡萄酒有更豐富多變的香氣，更協調圓融的口感，確實非常迷人，喝過精彩老酒的人，包括我自己，常會說那些散發著僅有時間才能醞釀而成的香氣與滋味，是再精彩的年輕葡萄酒也無法比擬的。但當葡萄酒越來越早被開瓶喝掉，耐久的葡萄酒還剩多少意義呢？

就像起起落落的人生，時間讓葡萄酒貶值，也讓葡萄酒升值，我總相信酒中很難有什麼永恆不變的絕對價值。倒是看著嘗著這些葡萄酒，或青春正盛或封鎖閉塞或年華逝去，有著時間的深度，再難喝，都可以很迷人。

混調與單一，歷史地理學的美味文本

在西歐有一條看不見的界線，大約在北緯四十五度附近，從大西洋岸的波爾多北部往東橫穿過法國，在隆河區越過Valence市北郊，繼續跨過阿爾卑斯山進入義大利北部，由西端的皮蒙區（Piemonte），直到極東與巴爾幹半島交界的弗里尤利（Friuli）。這條漫延一千多公里，超越國界的線，將西歐切分成南北兩個截然不同的葡萄酒世界。

北緯四十五度的這條線，便是傳統歐洲對單一品種與混合品種的解答。

由此往北的葡萄酒產區，幾乎全都採用單一品種釀製，如法國北部的布根地、薄酒來、北隆河、羅亞爾河和阿爾薩斯，義大利北部的皮蒙區、上阿第杰（Alto Adige）、弗里尤利，以及德國、瑞士與奧地利三個中歐產國裡的大部分產區，全都專精於單一品種的葡萄酒。但由此往南，只要是傳統的葡萄酒產區，幾乎全都採用混調品種釀製，如波

蒙塔奇諾布雷諾（Brunello di Montalcino）是深處南歐卻採單一品種釀造的義大利名產區，也難怪會發生偷混其他品種的醜聞案。

oggio Antico
1990
Riserva
brunello
brunello
di montalcino
ominazione di ori
controllata e ga
tita. Imbottigliato
rigine dalla Fatto
oggio Antico Mon
no (Siena) Italia
de 13,5% vol

爾多、普羅旺斯、南隆河、利奧哈（Rioja）、普里奧拉（Priorat）和經典奇揚替（Chianti Classico）。

歐洲南部的地中海沿岸乾燥炎熱，葡萄生長容易，幾乎隨處都能種植。不過，葡萄最愛的環境卻不一定能釀成最優雅細緻的酒，當採用單一品種時，較難保有均衡，需透過混調不同品種，以截長補短的方式達至。例如法國南隆河常以多酒精的格那希、色深結實的希哈、粗獷的慕維得爾（Mourvèdre）和柔和輕巧的仙梭（Cinsaut），組合成地中海式的協調酒風。以高雅酒風聞名的波爾多也是混調酒，位處溫和的大西洋岸，雖有卡本內蘇維濃和梅洛兩個世界級明星品種，但卻幾乎不曾單獨裝瓶，需藉混調不同的品種以達到比例均稱的高雅風味。

伴隨羅馬帝國往歐洲北部擴張，嗜酒的羅馬兵團將葡萄往北種植到過於寒冷、難以成熟的地帶。採用較為早熟的品種，更高密度的種植，挑選能遮蔽北風的向陽坡，才能釀成不會過於酸瘦乾澀的葡萄酒。

當葡萄被栽種於差一點就不熟的臨界氣候區內，反而最能表現其最細膩優雅的一面，無需透過調配就能保有均衡風味。例如摩塞爾河（Mosel）之於麗絲玲，羅第丘（Côte Rôtie）之於希哈，夜丘（Côte de Nuits）之於黑皮諾，松塞爾（Sancerre）之於白蘇維濃等等，這些產區都位在品種最北的極限區內，卻都釀成每個品種最精巧多變的細膩風味。這是歐洲北部葡萄園採用單一品種釀造的最關鍵原因，並非流行，也非商業考量，而是環境使然。

單一或混合品種的議題，在歐洲之外卻突然變得輕鬆自由許多，少了傳統與歷史的因素，選擇單一還是混合，除了釀酒師的個人偏好，常常純粹只是商業考量，畢竟，在國際市場上，辨識度最高的還是幾個單一釀製的明星品種。許多人認為單一品種葡萄酒須以表現品種個性為要，但從歐洲的角度來看，單獨使用一種品種釀酒，並非就是所謂的單一品種葡萄酒，例如許多布根地酒莊即堅持他們所釀造的是布根地葡萄酒，而非黑皮諾紅酒或夏多內白酒。

在歐洲，混調還是單一，其實並非釀造者的自由意志，亦絕非偶然的巧合，如果放進葡萄酒歷史地理學的脈絡中，這正是傳統經驗對自然環境的最直接回應。

品嘗的主觀與客觀

葡萄酒的味覺感覺，應該僅只是個人的主觀經驗，還是客觀的存在呢？這是一個極根本、但卻相當難解的哲學問題，困擾我相當多時。曾經在文章中鼓勵讀者做自己味蕾的主人，也覺得挑選葡萄酒是非常個人的事，但如果葡萄酒品嘗所依循的只有主觀經驗，那麼，以寫酒評為業的眾多葡萄酒專家如Robert Parker，出版品嘗報告的專業葡萄酒雜誌如《Decanter》，還有多少存在的意義呢？

在葡萄酒世界中得過多次終生成就獎的英國作家Michael Broadbent說：「從事五十年的品嘗與葡萄酒教育工作之後，我認為，聲稱葡萄酒品嘗有絕對的客觀性，根本就是胡說八道。」相信大部分人都贊成Broadbent老先生的這番話，但如果聲稱品酒是絕對主觀，是否也是在胡說八道呢？

意外地參加了布根地酒商Chanson P. & F. 二〇一一年分的閉門品嘗，每一個樣品代表一個釀酒槽釀成的酒，有些會被淘汰成混調酒，有些則保留旗艦級的一級園，品嘗是唯一也最精確的選擇標準。

從生理學的角度來看，受到基因的影響，人與人之間的味覺感覺存在著差別性。例如影響人類苦味味覺受器的基因TAS2R38，讓有些人對苦味特別敏感，對所吃的食物會有比一般人更強烈的苦味感受。從基因的演化來看，對苦味敏感的人也許較能避過中毒的危險，而讓這個基因改變得以保存下來。但是，是否只因為個體間對味覺的感應存在著差異，就能推翻葡萄酒品嘗的客觀性呢？

視覺、聽覺跟觸覺這些感官也同樣存在著差異，但我們似乎很少懷疑其客觀性，為何獨獨針對跟葡萄酒品嘗最關鍵的味覺與嗅覺呢？也許可能因為嗅覺和味覺屬於化學變化，受外在因素干擾，產生錯誤判斷的機率比較高。但更關鍵的原因可能只是因為在文明社會的成長與教育過程中，習慣忽視這兩個感官，欠缺像視覺與聽覺那般的精確訓練。初學中文的外國人和以中文為母語的台灣人相比，在中文的辨字與辨音能力上自然有所差別。從小接受嚴格味覺與嗅覺訓練的人，在辨味與辨香的能力上，跟終身未曾認真感受過味道與香氣變化的人相比，難道不會比較接近真實嗎？

然而，味覺感受即使存在著一些個人差距，卻有更多共同性與普遍性，或者說，在每個人的私人品味與個人喜好之外，也存在著一些事實。例如一瓶酸鹼值二．九的葡萄酒，即使是對酸味特別不敏感的人，要喝起來不覺得酸應該也很難。或者，一瓶採用重烘焙美國橡木桶培養過的白酒，很少人會聞不出酒中的煙燻香氣。也許真的有人喜愛天竺葵的香味，但如果出現在葡萄酒中，卻也改變不了這香氣是釀造錯誤所造成的事實。

當每一個飲者都只相信自己是味覺的唯一獨裁者，難道就能讓我們找到真實誠懇地對待葡萄酒的鎖鑰嗎?葡萄酒的世界裡確實存在著非常多混雜著商業利益的虛偽與盲從，但是，因此把任何有關葡萄酒的專業定見全都視為不存在的國王新衣，只會白白喪失了已積累了數千年、極珍貴的葡萄酒品飲經歷。

當我們開始瞭解葡萄酒品嘗存在的客觀性時，也許，才更能瞭解在品嘗美味的世界之中，主觀性的真正意義。

風生水起好酒來

曾經在威靈頓的一個黑皮諾研討會（Pinot Noir 2007）遇到Michel Bettane，這位酒評宗師雖然備受爭議，但在法國葡萄酒界卻是一位「喊水會結凍」的葡萄酒作家。他剛從「如何成功釀造黑皮諾」的討論會場走出來，不過，顯然在會中他沒能暢所欲言，在趕赴下一場品酒會之前，他語帶激動地跟我說：「他們都找錯方向了！不是土壤，不是山坡角度，是藏在土地裡的特殊能量，讓香貝丹（Chambertin）可以釀出精彩獨特的黑皮諾。是自然所匯聚的能量，不是土壤！」

香貝丹這片位在布根地夜丘區的特級葡萄園，向來以釀造強勁豐厚且耐久的黑皮諾紅酒聞名。對於Bettane的說法，我略帶一點疑惑地望向站在身旁的Jacque Lardière，這位布根地精英酒商Louis Jadot的釀酒師，釀過的香貝丹已經累計三十多個年分了。他似乎相當

位於紐西蘭北島南端的馬丁堡（Martinborough）是世界級的黑皮諾產區，小巧的Vynfields酒莊採行自然動力法耕作，不過卻是以麗絲玲聞名。

贊同地說：「我們的確很難解釋，香貝丹的自然外在條件似乎沒有隔鄰的幾個特級葡萄園來得好，卻是最常釀出精彩好酒的葡萄園。」

真的是這樣嗎？難道我們對布根地葡萄酒的認識要再重修了？看出我的疑惑，Bettane繼續解釋：「過去布根地人在某些地方感應到有特別的磁場能量，就會蓋一間小教堂、立個十字架或靈修小屋，這也是許多特級葡萄園曾經建有小教堂的原因。我想，你應該比我們更容易理解，這跟風水的道理是一樣的。」

無論是否對外公開宣稱，用風水觀念設計酒窖建築的酒廠已經越來越多見了；十多年來我也認識了非常多採行「自然動力種植法」（biodynamic）的酒莊主，他們同樣也講磁場與能量，不過大多只用在葡萄種植之上。

我確實從來沒有認真想過葡萄園與風水，特別是與「地氣」之間的關聯。難道，研究了十多年的葡萄酒之後，真的要開始學習風水學，才可以得到葡萄酒的最終解答嗎？看到我的額頭又多擠出幾條皺紋，Bettane繼續說：「有許多特級葡萄園，其中有某些區塊往下凹，或甚至有點兒朝北，反而能生產出更好的葡萄酒，我們不知道地底下有斷層或什麼東西經過，但肯定有什麼東西在那裡散發出特殊的能量。」

這不單單只是科學與迷信的問題，而是我們到底知道了多少。地質學家James E. Wilson

曾經寫過一本名為《Terroir》的葡萄酒書，試圖從氣象學與地質學的角度解釋，為什麼法國的某些葡萄園可以比其他隔鄰的地方產出更好的葡萄酒，透過岩層的斷面採樣，瞭解葡萄園的坡度與地下岩層結構。

Claude Bourguignon是葡萄酒界最知名的土壤微生物學家，也參與了這次研討會，他專精於研究黑皮諾葡萄最適合的土壤，除了布根地，這次我在紐西蘭南、北島參觀的二十多家精英酒莊，大半都聘任Claude Bourguignon分析土壤，提供種植的科學建議。

至於，其他還無法得到解釋的，堪輿學做為一門環境應用學，也許有一天也會加入專業顧問的行列，為那些苦苦追尋黑皮諾最佳種植環境的釀酒師們，在星宿山川之間，指引一片陰陽交泰、天地氤氳、美酒滋生的黑皮諾氣場。

舊世界的新創造力

一次在香港國際美酒展，意外品嘗到三款來自西班牙的蘇邵（Sousón）紅酒，讓我突然發現，當時才剛出版的新書，有一個章節必須要重寫了。

Oscar是出身西班牙利奧哈（Rioja）的釀酒師，後來成為Alvaro Palacios的團隊成員，周旋在三家酒莊與全球幾個主要葡萄酒市場之間。我在西班牙採訪時，常從他那邊探聽到一些醞釀中的新計畫。後來在台北再度遇到他，正是在品嘗完西班牙正當紅、以門西亞（Mencía）葡萄釀成的Bierzo之後，他建議我找機會試一下蘇邵葡萄。

「也許，這會是西班牙紅酒的未來」，臨走前他這樣告訴我。

蘇邵雖非國際名種，但在葡萄牙的波特酒產區也算小有名氣，在當地稱為Sousão，產量小、顏色深且相當多酸，帶有一種花與香料的奇特香味。雖不常見，但因為在Quinta

西班牙加利西亞的葡萄酒業大多是自給自足、自釀自飲的副業式小酒農。完全不講成本與效益，為葡萄世界保留了許多早該被淘汰的珍貴品種。

do Noval的Nacional名園中占有重要比例，而常引人注意，有些Douro紅酒也以百分之百的蘇邵釀造成風格頗奇異的紅酒。

不過，我對西班牙產的蘇邵倒是沒有太多印象，後來翻查資料，蘇邵只以極小比例出現在我喝過的、極廉價簡單、單薄酸澀的年輕加利西亞（Galicia）淡紅酒中。依照當地傳統，所有葡萄品種全混種在一起，蘇邵只是數十個品種中的一個，其實，大部分葡萄農也分不清園中到底有哪些葡萄。

然而這次在香港國際美酒展，很意外地，竟然在西班牙Ribeiro產區的攤位上品嘗到三款來自西班牙，主要以蘇邵混合當地一些原生品種所釀成的紅酒。之所以覺得意外，是因為Ribeiro是一個主產白酒的產區，特別是當地有特殊花香的特雷薩杜拉（Treixadura）葡萄，可釀出質地相當優雅的新鮮風格，但紅酒卻頗少見。更令人驚豔的是，這些紅酒都擁有西班牙酒最缺乏的均衡多酸、新鮮多汁、讓人想多喝幾杯的迷人特性。

但最大的意外，還是在於西班牙酒業的創造力。這些紅酒雖然用的都是當地原產的葡萄品種，卻有如從天而降一般，倏地出現在西班牙葡萄酒的版圖裡。速度之快，讓我還來不及在當天上市的《西班牙葡萄酒》新書裡，為蘇邵記上一筆。在西班牙各地，還藏著許許多多這樣的葡萄品種，等著釀酒師來發現，釀出前所未有的全新風味。

那天晚上，我在澳洲的品酒會遇到Chris Cormack，他是澳洲Pegeric酒莊的莊主，也是我認為最「離經叛道」的黑皮諾迷。在他位於Macedon Range產區，以黑皮諾為主的酒莊裡，除了釀造晚收的甜味黑皮諾，還將黑皮諾調進原產自北義的巴貝拉（Barbera）。更令人無法原諒的是，他竟然將黑皮諾與卡本內蘇維濃、希哈混調成稱為Tumbetin的紅酒。我不是很確定黑皮諾是否真能增添卡本內蘇維濃的風味，但是Chris是這麼說的：「沒有試怎麼知道不可行呢？」

在波爾多、香檳或布根地這些知名葡萄酒產區的酒莊，從來不需思考這樣的問題，因為他們的祖先已經做完所有試驗。只需遵循傳統，無需任何創造力，就能釀出受世人景仰的葡萄酒。同樣是歐洲最具歷史的古老產國，西班牙的葡萄酒業卻有著完全不同的氣氛，也許是因為缺乏自信，他們常常從否定傳統出發，但最後卻成就了一個全新面貌的新傳統。

傳統如何可以是新的？Ribeiro產的蘇邵紅酒也許就是一個最好的解答。

剛和Coldstream Hill酒莊的釀酒師Andrew Fleming道別，不到一公里的路程即來到了Yarra Yering酒莊，莊主Bailey Carrodus老先生就親自站在門口迎接我。以澳洲的標準來看，Coldstream Hill和Yarra Yering應該算是緊緊相連的兩家酒莊，至少，他們的葡萄園都位在同一片山坡上，但是兩家酒莊的葡萄酒風格卻正是咫尺天涯的最佳寫照。

由澳洲最知名的酒評家James Halliday所創設的Coldstream Hill，雖然現在已經轉賣給跨國酒業集團，但依舊是亞拉谷（Yarra Valley）的精英酒莊，生產頗多樣的葡萄酒，主要以適合寒冷氣候的黑皮諾為招牌。雖然風格有澳洲偏甜熟的特質，但用澳洲的標準來看，Reserve等級的黑皮諾絕對稱得上相當均衡優雅，這是用酒莊旁種於一九八五年的黑皮諾所釀成。

克雷兒谷是澳洲最知名的麗絲玲白酒產區，每家酒莊不太需要費什麼心力，就能釀成乾淨多酸的不甜白酒。特別是產自谷地北邊的Polish Hill，因有許多黏土，酒性更加剛硬銳利。

但James Halliday的鄰居Yarra Yering酒莊釀的酒，卻非常不同，他們最招牌的Dry Red No.1是一款以卡本內蘇維濃為主調釀成的波爾多式混合紅酒。在這片頗為涼爽、可以讓黑皮諾展現優雅風味的山坡，Carrodus卻能釀出極為甜美圓熟的卡本內蘇維濃紅酒，確實讓我很難理解。

亞拉谷是一個頗有趣的卡本內蘇維濃產區，因為天候寒冷，釀成的卡本內蘇維濃大多帶些青草香氣，口感也比較酸瘦輕巧，帶著些許歐洲風味，卻很少有像Dry Red No.1這般溫厚飽滿的格局。Yarra Yering酒莊的幾款紅酒，包括極為濃甜多酒精的加烈甜紅酒Potsorts，雖然都釀得極好，卻也是我喝過最難理解的亞拉谷葡萄酒。

不同於大型酒廠跨區混釀的廠牌操作，澳洲官方在近幾年義無反顧地將他們的葡萄酒推向地區風味的建立，現在全國已經建立了大大小小上百個葡萄酒產區，而且近年來更努力向全世界推介他們所謂的Regional Heroes。

這些澳洲各產區最具代表性的「角頭英雄」，確實大多都有相當獨特的酒風，例如在雪梨北方的獵人谷（Hunter Valley）所出產的榭密雍白酒，南澳克雷兒谷（Clare Valley）的麗絲玲白酒，巴羅莎（Barossa Valley）的希哈紅酒，以及西澳瑪格麗特河（Margaret River）的卡本內蘇維濃等等。即使放到全世界的格局來看，這些酒都稱得上是獨一無二的經典風格，而且也像布根地的黑皮諾或是摩塞爾河（Mosel）的麗絲玲，都是在別處無法複製模仿，滿含著地方感的難得佳釀。

但是，澳洲也有著更多像亞拉谷這般極為「多才多藝」的產區，雖然產區範圍不大，但舉凡氣泡酒、夏多內白酒、黑皮諾紅酒、卡本內蘇維濃甚至希哈紅酒這些幾乎不可能同台演出的酒款，都頗具水準且自有特色。同時，澳洲還有著更多「多才多藝」的釀酒師，如同Yarra Yering的Carrodus博士，硬是要在寒涼之地釀出溫暖的滋味。

當澳洲開始像歐洲那般，讓酒瓶裡保留更多地方感的時候，這些挑戰自然且自成一局的酒莊，又何嘗不是在釀造另一種最有澳洲精神的葡萄酒呢？

※本文於二〇〇八年首度發表時，Bailey Carrodus先生已經辭世，謹以此文為這位亞拉谷葡萄酒業的先驅者致敬。

氣象報告與桶邊試飲

在預購越來越盛行的年代，新酒試飲的品嘗報告跟新酒預購之間的關係越來越緊密，特別是當酒評分數直接影響預售價格時，該如何看待這些在裝瓶之前的品嘗報告呢？

拜波爾多所賜，新酒預購從葡萄酒業間的交易變成消費端的採買行為，已經行之有年，現在，不只是波爾多，包括布根地、隆河、義大利和西班牙，都有越來越多知名酒莊陸續出現在預購的採買單上。這些預售的新年分酒款跟波爾多一樣，都只是新釀成、還在培養階段的半成品，也有一些預售稍晚一點，等過了一年多的橡木桶培養，即將要裝瓶時才開始預賣。在酒商的預購報價單上，常會附上酒評家的分數以及品嘗報告，作為採買的參考。因為還沒有裝瓶，品嘗報告與評分是根據桶邊試飲（barrel tasting）的印象而來。

波爾多的桶邊試飲並非如圖中這般以玻璃管直接自橡木桶中抽出原酒，而是由釀酒師精心調製後裝瓶封塞的正式樣品。

FRANCE

所謂的桶邊試飲，並不一定都在橡木桶邊進行，在較具規模的酒莊，如波爾多，常常是由釀酒師從橡木桶中取出調配後，再裝到酒瓶中的試飲樣品。但製作樣品時為何還要先調配呢？因為很多頂級酒都是混調酒，可能來自不同的葡萄園、也可能採用不同的品種混合，也有幼樹與老藤，這些不同批次的基酒每年會以不同比例混調成最後裝瓶上市的葡萄酒。有些酒莊在新酒釀成的初期就完成調配，但現在有更多酒莊是在裝瓶前才做最後的混調，桶邊試飲時喝到的，其實只是釀酒師虛擬的樣品而已，不一定是裝瓶時的最後調配。

如果是真正的桶邊試飲，在酒窖中直接從木桶中抽出原酒，那就更有趣了。同樣一批酒，放進不同的橡木桶後，培養成的風味也會有所差異，來自不同桶廠的木桶，或者只是新桶和舊桶的差別，都能讓儲存其中的葡萄酒表現出不一樣的香氣和口感特色，有時差異之大，竟也可能如同兩款完全不同的酒。

在此條件下進行的桶邊試飲，也許大致可以看出酒的潛力和特性，但和最後裝瓶的酒之間，還是有頗大距離。桶中的葡萄酒還會再經數月或一年以上的橡木桶培養，酒的風味也會繼續轉變。在裝瓶前才調配的酒莊，就是希望等基酒都完成培養之後再來調配，如果桶中窖藏的結果不佳，還有機會在最後做適度修正。

葡萄酒的調配是頗神奇的一件事，即使僅是百分之一的差距，就可能讓酒的香氣和口感產生相當大的變化。當桶邊試飲的評分會直接影響酒的價格，釀酒師在調配試喝的樣品酒時，實在很難不特意挑選調出最佳樣品，以獲得較高分數。但即使釀酒師真的依據實際的比例如實混合，調成的樣品跟最後裝瓶的內容還是會有相當差異。

如果將桶邊試飲當成是氣象報告般的預測性質，也許比較貼近這些品嘗報告的實際意義，即使有再多精確數據與專業經驗作為判斷依據，颱風都有自己的路徑要走。

全球最具影響力的酒評家Robert Parker，對於二〇〇八年波爾多的評價就是很好的範例。在二〇〇九年春天的新酒預售品嘗與二〇一一年裝瓶後的品嘗之間，有許多酒莊的二〇〇八年分評分都被調降了，例如Ch. Cheval Blanc在裝瓶後的評價，由原本預估的九十五到九十七分降為九十三分。原預估九十四到九十六分的Le Pin，裝瓶後則只有九十二分。其實，如果從氣象預報的角度來看，這樣的差異其實已算頗為精確。但三分的差距在頂級波爾多預售酒的市場上，卻可能是每瓶數十甚至數百歐元的價差。

無法保證成為事實，便是桶邊試飲最關鍵的意義。

白酒也要換瓶醒酒嗎？

在喝葡萄酒前先開瓶讓紅酒醒一下，已經是許多人喝葡萄酒的標準儀式之一。講究一點的還會將紅酒先倒入特別設計的醒酒瓶（decanter）中，讓酒醒得徹底一點。紅酒都要醒過才會好喝嗎？要醒多久呢？這一直都是爭論不休的主題，也是葡萄酒迷最關心的課題之一。

現在，有人提出了白酒也需要醒酒的論點，讓已經很複雜的葡萄酒世界裡，又平白多出一個讓人傷腦筋的問題。

所謂醒酒，是讓酒接觸空氣，好讓酒香散發出來，有時也可讓紅酒的澀味降低一些。酒中可能存在的還原怪味，在接觸空氣的氧化過程中也會逐漸消失，讓酒的香氣乾淨一些。但若只是拔出軟木塞，葡萄酒瓶狹窄的瓶口跟空氣接觸的面積極為有限，實在很難

白酒的醒酒問題在於酒溫的控制，這個中空可置冰塊降溫的醒酒瓶確實頗具創意。如果不想特別買一個，將醒酒瓶直接放入冰箱或泡到冰桶，是最直接省事的辦法。

在短時間讓葡萄酒達到快速氧化的效果。將葡萄酒倒進瓶身比較寬的醒酒瓶裡，就可以讓氧化速度增快一點，而且在傾倒的過程中，葡萄酒更可得到大量暴露於空氣中的機會。於是，不只是先開瓶，有時還需要換瓶。

氧氣跟葡萄酒真是亦敵亦友的關係。氧氣太多，葡萄酒很容易會氧化敗壞，但少了氧氣，葡萄酒又很難成熟，顯得嚴肅封閉不太迷人。清淡、容易氧化的紅酒，或已過了成熟期、即將衰老敗壞的脆弱老紅酒，都不太經得起像換瓶醒酒這樣的折騰，除了少數例外，否則要盡量避免。白葡萄酒因為被認為比紅酒容易氧化，過去很少有人會建議喝白酒要先開瓶醒酒，更不要說替白酒換瓶了。

但是，所有白酒真的都比紅酒脆弱嗎？讓白酒醒一下，不會變得比較好喝嗎？不同於紅酒中有許多具抗氧化功能的單寧，白酒之中的單寧含量非常少，理論上比較容易氧化變質。但是，不同於常理以及一般酒迷們的看法，確實有許多不帶甜味的白酒非常耐久放，而且比大部分紅酒都還經得起更長時與劇烈的氧化。這類耐久白酒在年輕時，口感常常酸緊封閉，並不太可口，跟紅酒一樣，需要等上許多年才會開始進入成熟適飲的階段。如果要在到達適飲期之前就開瓶品嘗這樣的白酒，可以先開瓶醒酒，或甚至換瓶，大多數時候都會變得好喝許多。

當然，這並不意謂所有白酒都可以從換瓶醒酒中得到好處。新鮮多果味的白酒還是現開現喝最佳。但酸味多的麗絲玲，特別是不含甜味的頂級酒，在年輕時喝，如果可以在品嘗前先換瓶醒酒一個小時，常會有意想不到的絕佳效果。夏布利的酒莊也常用換瓶醒酒多時的夏布利白酒，向訪客證明他們的白酒有著何等的久存潛力。

在我的經驗裡，除了麗絲玲和夏布利，同樣相當酸、以白梢楠（Chenin Blanc）葡萄釀成，產自羅亞爾河中游的Savennières白酒，或北隆河的艾米達吉（Hermitage）白酒，甚至一些在橡木桶中釀造培養的榭密雍（Sémillon），以及部分布根地頂級葡萄園產的夏多內白酒，都向我證明了換瓶醒酒絕不是紅葡萄酒的專利。如果你也想試試白酒醒酒的效果，唯一需要擔心的，可能只是其他愛酒者難以置信的眼光。

黑色的白酒

如果白酒的顏色像一杯黑不見底的double espresso，那還能稱為白酒嗎？

法文的vin blanc、英文的white wine、義大利文的vino bianco、德文的weiswein以及西班牙文的vino blanco，雖然都稱為白葡萄酒，但是，白酒從來都不是白色的。大部分白酒在年輕剛釀成時，除了尚未經過澄清前的霧狀外，幾乎都是透明無色的，深一點的頂多是泛著綠光的淡淡黃色，然後隨著氧化和酒齡的增加，逐漸加深變黃成為金黃色和麥桿色。等到真的是陳年老白酒了，最多變為老金色、琥珀色或黃銅色。最後會變成黑色的其實相當少見，僅有一種頗奇特的西班牙葡萄Pedro Ximénez，從酒瓶倒出來卻是完全不透光的棕黑色。

經常縮寫成P X的Pedro Ximénez，是西班牙南部安達魯西亞頗為常見的葡萄品種，據

很少有比PX還來得粗獷的白葡萄酒，但是在安達魯西亞，有的是時間，慢慢等吧！十年、二十年，PX也能變出溫潤豐富的迷人味道。

PEDRO XIMENEZ
Perez Barquero
Montilla

傳是一位叫作Pieter Siemens的德國軍人在十六世紀帶到安達魯西亞，才會有這個奇異的名字，不過應是當地的原生種。

PX除了果粒大甜度高之外，還具有氧化速度非常快的特性。這點對於釀造一般干型酒來說，應該是個致命缺點，因為很容易就會喪失新鮮果香與清新口感，特別是在安達魯西亞這個夏天有如一個大火爐的炎熱地區。不過，Pedro Ximénez耐乾旱且懼潮濕，卻也頗能適應安達魯西亞的環境，只是得用不同方法，才能釀造出精彩迷人，或者，震驚世人的白酒。

既然毫無機會釀成清新細緻的白酒，Pedro Ximénez在炙熱多陽的安達魯西亞常釀出粗獷濃厚的酒風。Montilla-Moriles產區，位在離海頗遠的哥多華（Córdoba）省內，除了西班牙人，很少外地人聽過這個名字，區內有全世界最廣闊的Pedro Ximénez葡萄園，釀成可能是全世界最濃膩粗獷的白酒。PX葡萄通常趕早在八月採收以保留酸味，葡萄農直接將葡萄置於草蓆上，直接在夏日豔陽下曝曬七日。容易氧化的PX葡萄皮很快就轉成棕黑色，糖分更是飆高到有如純葡萄糖般濃甜，強力壓榨之後成為黏稠黑濁的超濃縮葡萄汁。

一百公斤的葡萄最後只能榨出約二十九公升、甜到連酵母菌都很難生存的葡萄汁。大約勉強發酵到二至三%的酒精濃度之後，釀酒師就直接添加酒精加烈到十五%，留下巨量的超甜糖分（每公升多達五百公克之多）。這時的PX甜到難以入口，需要存進橡木桶中，讓酒中的甜膩與粗獷氣慢慢地在時間中化開。

在安達魯西亞，時間似乎還留在十六世紀的節奏，這一存，少則六、七年，多則數十年，等PX逐漸散發陳年溫潤的無花果乾、焦糖與咖啡香氣，甜膩轉為圓潤脂腴時才裝瓶上市，如Pérez Barquero的La Cañada，一等就是二十五年。或有採用索雷拉（Solera）混合法，每年添些新酒進去，等酒夠好了再取一點出來裝瓶，如Alvear酒莊的一九二七、一九二二和一八三〇。

在這個歷史動輒數百年的地方，時間似乎一點都不值錢，在安達魯西亞的酒鋪裡，Alvear酒莊半瓶裝的索雷拉一九二七，至多也不過十多歐元。

安達魯西亞最迷人的地方，總是在那些看似斑駁過時的東西裡，就像這些老掉牙的PX，彷彿自塵埃中翻找出來的陳年舊釀，飄散著唯有時光才能釀成的氤氳香氣，如此珍貴，卻又隨意可得。

雙腳踩踏出的美妙滋味

也許是拜好萊塢電影之賜，用雙腳踩踏葡萄釀酒似乎被許多人認為是浪漫美好之事，至少，在看過《漫步在雲端》片中基努李維和愛達娜娜奇赤腳踩踏葡萄的影像之後，大概很少有人會質疑俊男美女們是否有香港腳吧。

那是美國二次大戰返鄉士兵的故事，以腳踩踏出葡萄汁來釀酒確實還頗為常見。不過，半個世紀後的今日，即使去梗與擠出葡萄果粒都已經有非常精密且方便的機器可用，甚至也有仿人腳的踩踏器，但還是有一些葡萄酒產區依舊要勞動雙腳來做這件事，法國布根地和葡萄牙波特酒產區是最典型的兩個代表。

布根地在釀造黑皮諾紅酒時，用腳踩是因為此品種相當脆弱，須用最輕柔的方式才能釀出細緻質地。波特酒就完全相反了，他們要在最短時間裡把葡萄皮裡的東西全都萃取

不同於Taylor's繼續用人腳踩踏，Graham's所屬的Symington Family Estates卻研發了仿人腳的機器踩踏釀造技術，從一九九八年後開始逐漸使用。不過，這瓶一九九四年的年分波特還是用人腳踩出來的。

出來，以釀造出全世界最為濃厚的葡萄酒，這時最可靠的還是雙腳。

當然，並非所有波特酒都是用腳釀的，如果你真擔心有腳臭味，廉價的Ruby和Tawny波特酒肯定都是機器釀造，但是，越精英的酒莊，越頂級的酒，尤其是年分波特（Vintage Port）就最常要按傳統來。向來以強勁厚實為風格，而且特別耐久的Taylor's酒廠年分波特，當然都是以腳踩踏出來的。

現在，大部分釀酒師在採收季時，只要在電腦程式裡設定酒槽溫度、每天自動淋汁的次數和時間，即可高枕無憂。但在Taylor's遠在斗羅河上游的Quinta de Vargellas酒莊裡，釀酒師David Fonseca Guimaraens則是要決定今天需派多少雙腳進去踩，要踩多少次，每次踩多少分鐘。

波特酒屬加烈甜酒，在發酵中途就要添加酒精中止發酵，以保留酒中的糖分，且在加烈時就將葡萄皮與酒分開，無法繼續泡出皮中的單寧、紅色素等。通常從採收到加烈只有三天時間，而其他紅酒產區最少也要泡兩星期，有些甚至長達一個月。如何把握這黃金七十二小時，釀出全球最濃的年分波特，便是波特傳統釀酒工藝的核心問題。

釀造波特酒的傳統酒槽稱為lagar，是一種用花崗岩砌成、有如釣蝦池般的方形寬淺酒槽，這樣的設計一來是為了增加汁與皮接觸的面積，同時也方便踩踏。在這裡，踩踏葡萄不僅不浪漫，而且還有如執行軍事勤務一般嚴肅。十多個人在酒槽裡站成一排，按照音樂節奏舉腳踩踏，由酒槽的一頭往另一邊慢慢前進，很精確地踩過每一吋空間，來回幾次之後，隊伍轉九十度，由另一個方向再來回踩。在波特參與採收是一件極耗體力的事，白天在陡坡間採收葡萄，晚上則要泡入發酵中濃稠溫熱的葡萄汁液中，不僅耗力，全身更是濕黏難耐。

用如此多體力，釀成的年分波特將如墨汁般深黑藍紫，如石塊般緊澀堅實，要嘗到真正成熟的美妙滋味，常常要再等上數十年，就像在Quinta de Vargellas酒莊裡喝的一九七〇年Taylor's Vintage Port，飄散著新鮮純美的果味，緊澀的單寧才剛剛化成絲滑的質地，而且，完全沒有腳臭。

陳年滋味中的年輕夢想

葡萄酒中最迷人的，或者說，最能感動人的，常常不只是酒，還有背後的夢想，我的意思並不是故事比葡萄酒本身還來得重要，而是，當可以透過葡萄酒的風味理解到釀酒師的努力和企圖，即使酒釀得不是那麼完美，不是那麼深得我心，卻還是能打動人心。

最近重新品嘗一款過去不曾喜愛過的卡本內蘇維濃紅酒，長達一整天，三十六個年分的品試過程，讓我逐漸體驗到一位已過世的澳洲釀酒師年輕時的夢想，歷經半個世紀逐漸實現的過程。

一九三一年，Max Schubert到Penfold酒廠的馬廄工作，擔任餵馬的雜工。這位年僅十六歲、未曾學過釀酒學的少年，經過十七年的努力，成為酒廠首席釀酒師；兩年後，他被派遣到歐洲觀摩波特和雪莉酒的釀造，也順道去了波爾多。

在這次三十六個年分的品飲中，最吸引我的，是一九八〇年代之前的陳酒，幾乎每一瓶都成熟得非常迷人，而且充滿著波爾多的舊時風格。因為採得比較早吧！卡本內的風格真的常由成熟度所決定。

SAUVIGNON
BIN 707
in August, 1969.
1 PINT 6 FL OZ

當年澳洲酒業以產甜味加烈酒為主，Max Schubert在酒商Cruse的引介下，見識到不帶甜味的非加烈酒也一樣可以非常耐久，他並帶回一些現在波爾多已不再使用的釀造技術。回到澳洲之後，幾經實驗，Schubert在一九五〇年代釀出了至今都是澳洲最知名也最昂價的葡萄酒Grange。

這是澳洲酒業最常被提起的故事，在Schubert的原初構想中，其實是要跟波爾多一樣，以卡本內蘇維濃釀成紅酒，但最後卻靠著大量希哈完成他理想中更圓熟飽滿的澳式波爾多。不過，自一九六四年起，Schubert還是試著用一片位在巴羅莎（Barossa）谷地，自一八八八年種植的葡萄園Block 42，釀造一款稱為Bin 707的卡本內蘇維濃紅酒，但只釀了六個年分就放棄了，直到他退休都不曾再嘗試。

這個品酒會在北京東門外的一處隱密會所舉行，從五瓶一九六〇年代的Bin 707開始，除了一九六八，每個年分都熟成為非常優雅的陳年卡本內蘇維濃紅酒，熟果帶著雪松與細緻草香，單寧柔化，如絲般滑細。一九七六年，繼任的釀酒師又繼續釀造Bin 707，用的仍然是Schubert當年設定的，在美國橡木桶中完成酒精發酵的獨特釀法，但酒的風格似乎轉而更類似波爾多，比較早採收，酒精度低，也有較多的草味與稍堅硬的單寧。有趣的是，這款酒竟然也神似一九七〇年代加州的卡本內蘇維濃，一個以波爾多左岸紅酒為準的年代，卻是一個離Schubert理想更遠的酒風。

下午的品嘗起於一九九〇，以二〇一〇做結。從一九八六開始，John Duval接手釀造，用的雖然還是Schubert的釀法，但Bin 707進入了另一個更接近Schubert的風格，葡萄越來越熟，酒體更加飽滿，單寧更加甜熟，越來越少的青草與薄荷，甜熟的黑醋栗香甜酒香氣混合著李子、木香、巧克力與香料，喝起來更像南澳的希哈，更有澳洲的重量感。

進入二十一世紀之後，接任的是主持品酒會的Peter Gago，他有一點不平地說，竟然有人說Bin 707是怪獸酒。我必須承認，我並不特別熱愛這樣的卡本內蘇維濃，但我卻看到當年Schubert年輕時的夢想，透過Peter Gago實現了原初的理想，即使是痛恨卡本內蘇維濃的人，應該也能喜愛如此濃厚圓熟的Bin 707吧！

經過近半個世紀，Schubert透過釀製的一九六四、一九六六跟一九六七年分，仍能讓人感受他當年對葡萄酒的熱情和遠見，也讓像Penfold這樣隸屬於跨國集團的酒廠仍能留著感動人的元素。不過，這樣的想法只維持了一天，一九六六年，Schubert以庫納瓦拉（Coonawarra）的卡本內蘇維濃與希哈釀造稱為Bin 620的傳奇紅酒，但僅此一年，未曾再釀，四十二年之後才在二〇〇八年複刻了這一款酒，在品酒會隔日推出，定價超過一千美元。這位已故的釀酒師，顯然還將一直是Penfold永恆不死的搖錢樹。

萬紫千紅

在葡萄酒的感官分析課上，我還是會解釋如何從視覺的細微變化中，透過觀察酒的色調與深淺，得到關於葡萄酒的蛛絲馬跡。儘管如此，我卻仍要不時地提醒，視覺是最不可靠的一項。

科學與技藝的進步，常讓我們分不清是帶來幸福還是橫禍，但對那些不想認真照顧葡萄園卻又想有深濃豔紫顏色的釀酒師，無疑的，像「百萬紫」（Mega Purple）或「超級紅」（Ultra Red）這樣的紅酒加色劑，確實跟那些號稱可以躺著瘦的減肥藥一樣，都算是懶人的科學福音吧！越來越多的新奇技術與添加物被發明出來後，關於酒的顏色，眼見為憑也就不再具有太多意義了。

在文明環境中生活太久，我們都註定要淪為優先以視覺思考的動物。很多女人常說男

Alicante Bouchet據說是百萬紫的原料之一，因為這種葡萄不只皮色深黑，連汁都是深紅色，可以萃取出許多色素，特別是風味粗獷，價格便宜，是理想的天然加色劑原料。

人是用下半身思考，但是當下半身開始要思考的時候，有多少男人可以不用視覺，光憑嗅覺、聽覺、觸覺和味覺去選擇床上的伴侶呢？

在葡萄酒的品嘗上，我們習慣用視覺、嗅覺與味覺等三個階段的感官分析來品評葡萄酒。味覺品嘗似乎是最關鍵的一項，但是，酒的味道卻又最容易被酒的顏色與香氣所誤導。將同樣溫度的紅酒和白酒倒入黑色的酒杯中，能夠清楚分辨出紅酒與白酒的人，其實比我們想像的要少很多，包括知名餐廳的侍酒師都曾經出錯。

也有葡萄酒杯廠在研究酒杯的形狀與酒的味道之間的關聯時發現，杯型影響葡萄酒的香氣，而酒香對飲者在心理上產生影響，才讓不同杯型裡的酒喝起來味道不一樣，這個不同主要是間接由酒香造成的。視覺與嗅覺常常主宰了味覺，雖然更深黑紫的酒色不見得就比較好喝，但色黑又帶濃紫的紅酒，常常可以潛移默化飲者對酒味道的評價。

紅汁葡萄因為連葡萄汁都是紅紫色，比一般葡萄品種含有更多紅色素，在葡萄酒裡添入以這些葡萄濃縮汁製成的「百萬紫」染色劑，絕對要比辛苦降低葡萄園產量、除葉照光，或進行發酵前低溫泡皮與高溫發酵等等來得省事又有效率。這跟火鍋店捨自製高湯就湯塊與柴魚粉的動機是一樣的。

原本葡萄酒是最接近自然的酒精飲料，以新鮮葡萄就能釀造完成，但是，現在越來越多千奇百怪的釀造技術和添加物，提供葡萄酒即時改造的捷徑，創造更多速食化的葡萄酒，如生產罐裝飲料般，以大量添加物釀造成同一規格、可以設計量產的葡萄酒。

釀酒專家們都同意，如果擁有條件獨特的葡萄園，酒莊幾乎不用太費力就能釀出精彩的酒。但畢竟，素顏美女並不多見，不然化妝品業也不會這般勃興了。以「百萬紫」當葡萄酒的唇膏，單寧粉當眼影，橡木粉當香水，會畫出什麼樣的一張葡萄酒面貌來呢？

精彩的葡萄酒該是自然天成，還是經過人定勝天的苦苦努力？這是一個經常被二元簡化的命題，重點不僅在於程度上的差別，分清葡萄酒的味覺美感價值也許才是關鍵。如果青木瓜排骨湯是自然的，那麼矽膠就是過度人為操縱。橡木桶培養如果算是自然的，那麼在葡萄酒裡添加橡木片與橡木粉就是過度人為操縱。

但是，也許真正該問的是，胸部為什麼要大才是美呢？紅葡萄酒的顏色何以要那般深黑透紫？而我最想問的是，酒裡為什麼一定非要有橡木桶味不可呢？

關於封瓶

途經巴黎，友人邀約家中晚餐，我拎了一瓶Comte Senard酒莊二〇〇六年分的特級園紅酒前往。〇六年的風格也許柔和一些，但那是以結實耐久聞名的Corton Bressande，約需五、六年後才開始適飲，十多年後更佳。到達時，主人已經開了佐餐紅酒，這瓶Comte Senard就被留下來當成禮物。一個月後，卻輾轉聽說這瓶酒有異狀，說是布根地特級園怎會用塑膠塞封瓶呢？難道會是假的嗎？

這個被質疑是假酒的關鍵塑膠塞，是一種稱為AS-Elite的高檔塑膠塞，由三種不同的合成塑膠材質組成，其中與葡萄酒接觸面的透明膜，號稱是製作人工心臟的材質，可維持百年不壞。除了Comte Senard，其他布根地名莊如Olivier Leflaive、David Duband和Ponsot也都相繼採用。

也許所有使用傳統木塞封瓶的酒莊，都該感謝這許許多多的非傳統封瓶法，來自他們的競爭壓力，讓原本幾近獨占的軟木塞產業願意花心思解決TCA的問題，現在這個問題已經改善許多。

雖然不確定酒迷們是否準備好從Ponsot酒莊每瓶六百美元的Clos de la Roche中拔出塑膠瓶塞，但莊主Laurent Ponsot很有自信地說：「請相信我們的專業。」Laurent Ponsot確實相當勇敢，因為這種瓶塞還沒有超過二十年以上的實驗樣品作為佐證，而他的Clos de la Roche應該有三十年以上的壽命。

葡萄酒的封瓶法從來沒像現在這麼多元，自然軟木塞、合成軟木塞、Vino-Loks玻璃塞、Diam膠黏塞、塑膠塞以及金屬旋蓋等，各有優缺點，但沒有一個是完美選項。

封瓶會變成如此複雜的問題，也許得從三氯苯甲醚開始談起。以軟木塞封瓶的葡萄酒，大約有一．五至二%可能會被這種簡稱TCA的化合物所污染，散發有如腐敗的木頭、浸濕的報紙或甚至發黴的木塞味，無論再高級的軟木塞都無法完全避過TCA感染的可能，而且直到開瓶之前都無法測知。

如果沒有TCA的麻煩，軟木塞其實是一個完美的封瓶材質，其密布的氣室讓木塞具備彈性，可達到幾乎完全防水與密封的效果，而且很耐久。我曾開過超過七十年未曾換塞的陳酒，仍具極佳的封瓶效果。其實，很多廉價酒選擇採用塑膠塞封瓶，其密封效果甚至不如天然木塞，雖可免除TCA風險，卻更常出現氧化的危險。

不過，軟木氣室的密封效果，正是躲藏其內的細菌無法被消滅的主要原因。稱為Diam

的木塞是將軟木磨碎成細塊，以高壓超臨界二氧化碳法除菌，再壓製膠合成木塞，效果頗佳。膠黏木塞過去是低價酒的象徵，但技術演進後，現在用Diam封瓶的還包括全世界最珍貴的白酒，如Bouchard P. & F.自二〇〇九年分開始，所有半瓶裝的酒，包括近六百美金的Montrachet，都用Diam塞封瓶。

金屬旋蓋的支持者也相當多，特別是在紐澳，不只是早飲的日常酒款，連最頂級昂價、甚至於需久存的酒款也常採用。例如馬丁堡（Martinborough）產區的黑皮諾先鋒名莊Ata Rangi。

這些新封瓶材質的優點比我們想像的還多，除了可避免TCA和氧化，瓶中熟成的速度也會變得更緩慢，每瓶酒的風味也不會有太多差別。葡萄酒剛裝瓶時常會變得香氣封閉，乾瘦難飲，需經一段時間才會恢復，但若用旋蓋封瓶，需添加的二氧化硫較少，可以緩減這樣的麻煩。

我常被問到：「如果你自己有一家酒莊，會選擇全部用金屬旋蓋來封瓶嗎？」如果我是一個聰明的釀酒師，除非軟木塞的問題得以解決，不然應該會選擇使用金屬旋蓋。那確實安全，也方便許多，更不會有太多意外發生。只是安全、方便、無意外，會是品嘗葡萄酒最終極的目的和價值嗎？這個問題，也許就是我的答案。

餐桌上的葡萄酒中心論

「葡萄酒是佐餐的飲料。」這句話如果反過來說，會是什麼情況？

我打開Il Vino餐廳的酒單，跟侍酒師點了一杯二〇〇四年分布根地酒商Jean-Marc Boillot產的夏山—蒙哈榭（Chassagne-Montrachet）村白酒。這裡是法國巴黎，單杯酒有十多種可選，在巴黎已屬少見。沒多久，一杯半滿、濃厚多酒精的夏多內白酒就端了上來，稍豐潤些的酒風，喝了幾口後，侍者端來一盤佐配奶油醬汁的義大利餃。這是如教科書般的經典搭配，沒有謎題揭曉的懸疑，只是鬆了一口氣，至少，不是我頗不喜愛的小牛頭或牛舌之類的菜色。

只要點杯酒喝，配菜就自動送了上來，確實很新奇，葡萄酒迷應該都要眼睛一亮，何時葡萄酒可以成為一家高級餐廳的中心，完全由侍酒師來指使大廚做菜。想多吃一道

攝影：謝忠道

除了特別的場合，少有主廚會連出三道味道濃重的菜。但我卻常見到有人拿五、六款味道濃重的紅酒，逼主廚做出一套搭配的菜色。所有事情如能倒過來想，便荒謬立見。

菜，請先加點一杯葡萄酒吧！

不過，仔細想想，這似乎跟西班牙南部的一些塔巴斯酒吧很像。西班牙文裡，塔巴（Tapa）指的是蓋子，十九世紀時，靠近大路邊的酒吧侍者會在雪莉酒杯上蓋一片香腸或麵包，以防路上經常揚起的灰塵，後來這個習慣流傳了下來，塔巴也由簡單的一片麵包演變成各式各樣小碟的下酒小菜。

現在還有一些位在西班牙南部的酒吧，如格瑞納達市（Granada）就有相當多家酒吧，保留了這樣的傳統，點一杯雪莉酒，老闆會奉上一盤下酒菜，如果點第二杯，就會端上另一盤，顧客們無需費神，菜色全由老闆決定。因為算是「酒的蓋子」，所以當然是免費的，不過，如果點啤酒或可樂大多只會得到一盤花生。在義大利的一些Enoteca點杯葡萄酒，也常會送上一盤乳酪或臘腸。

不同的是，這家Il Vino d'Enrico Bernardo不是大眾酒吧，而是得到米其林指南一星評價的餐廳，老闆不是阿沙力的安達魯西亞大叔或義大利老爹，而是舉止優雅、二〇〇四年在世界最佳侍酒師大賽（Meilleur Sommelier du Monde）得到冠軍的Enrico Bernardo。聽名字就知道是義大利人，他的前一份工作是巴黎喬治五世飯店（Hôtel Georges V）Le Cinq餐廳的首席侍酒師，巴黎最多富貴人士出入的場子。當然，更大的不同是，這盤包著羊肚菇的義大利餃可絕非免費。

侍酒師又來了，這回我點了二〇〇五年分，布根地新銳酒莊Domaine David Duband的香波—蜜思妮（Chambolle Musigny）村紅酒。一邊喝著似乎還過於年輕的紅酒，一邊想著這麼淡雅多果味的黑皮諾紅酒，會配上什麼樣的菜呢？

侍者端來的，是一盤簡單烹飪但鮮嫩可口的小牛排，確實也是搭配黑皮諾紅酒相當經典也相當安全的選擇。也許少了一點意外的驚喜，但在台灣，請主廚煮一些適合的菜來搭配葡萄酒，是少數常客級的食客才能享有的特權，在Il Vino d'Enrico Bernardo卻成了餐廳的常規，餐酒搭配被反轉了過來，不點葡萄酒就不會有餐可以吃，成就了絕對的葡萄酒中心論。

part 肆

飲酒小物

即使不可飲，幾個繞著葡萄酒的配件，或如紙鎮、菸灰缸、杯墊和皮囊這些看似不相干且微不足道的小物，卻像是一張隨手散記的購物清單，暗暗藏隱著遠方與過往的行旅記憶，或者，也像是在自己的肚臍眼裡，拼湊出一小片葡萄酒的玩樂圖。

布根地玫瑰

布根地玫瑰（Rose de Bourgogne）聽起來跟布根地粉紅酒（Bourgogne rosé）很相像，雖然也是當地特產，但布根地玫瑰並不是葡萄酒，也不是特有種的植物，而是產自布根地地底下，一種微微帶著淡玫瑰色的軟質大理石。

布根地被認為是全世界最能表現「原產土地精神」的葡萄酒產區。十一世紀，熙篤會（Cîteaux）在布根地夜丘山坡上，建立了梧玖莊園（Clos de Vougeot）。在這片以石牆圍繞的葡萄園中，各有職司的中世紀修士開始了各項關於葡萄種植與釀造的研究。他們仔細記錄了鄰近山坡各葡萄園的特性，甚至還分出等級差別。

在之後的近一千多年間，布根地這片珍貴的產酒山坡，已經累積了數十代葡萄農的經驗，每一片葡萄園不僅各有名字和等級，也釀造出不同風格的葡萄酒，其中包括許多已

不只是布根地，法國許多知名葡萄酒產區也都曾經是重要的採石場，例如波爾多的聖愛美濃（St. Émilion），那裡最知名的，是年代更晚的Astéries石灰岩。雖然可釀出世界級的梅洛跟卡本內弗朗（Cabernet Franc），但岩相卻不及布根地玫瑰精緻，只能做為簡單的牆面建材。

經成為典範的歷史名園。

布根地最精華的金丘區（Côte d'Or），其葡萄園位在一個朝向東邊、南北蔓延五十公里，由不同時期的侏儸紀岩層所堆積成的山坡上。一億多年來，在堆積、擠壓、斷裂、侵蝕和崩解等作用下，金丘山坡上的每一片土地，地底下都有著不同的土壤與岩層，加上山坡斜度與向陽角度等各種條件差異，即使是隔鄰的葡萄園也可能釀造出風格完全相異的葡萄酒來。這也讓布根地葡萄酒的品嘗有如地質學的分析與探祕。

金丘的南段稱為伯恩丘（Côte de Beaune），最珍貴的布根地白酒大多產自這邊，最知名的是特級葡萄園Montrachet，其地底下是侏儸紀晚期的Callovien珍珠石板岩。因為斷層經過，隔鄰上坡處的另一片特級園Chevalier-Montrachet卻反而是位在侏儸紀中期，年代較早，相隔千萬年的白色魚卵狀石灰岩層，酒的風格由豐盛變為輕盈，有著更清冽的礦石香氣。

金丘區的北部叫作夜丘（Côte de Nuits），是全世界最精彩的黑皮諾產區。此區是以最大村鎮夜－聖喬治（Nuits St Georges）為名。在布根地，許多酒村常將村內最優異的葡萄園名加到村名之中，夜－聖喬治第一名園即為有千年歷史的一級葡萄園——聖喬治園，以產雄厚強健的紅酒聞名。布根地玫瑰正是產自聖喬治園坡頂上的採石場，屬侏儸紀中期巴通階的貢布隆香石灰岩，因含鐵質且略微大理石化，有著美麗的粉紅色紋路。

其實，這個曾經由熙篤會所開發的採石場，正位在一片稱為Les Perrières（意即採石場）的一級葡萄園裡，因為多石少土，釀成的紅酒較為酸瘦、顯得高傲，不是太順口平易的風格。

布根地玫瑰石是酒區裡最受喜愛的石材，夜—聖喬治採石場也製作相當多種石造產品。例如本地的葡萄園大多以一般石灰岩圍成古樸的石牆，但在入口處卻常以玫瑰石做為名園的碑石，刻上酒莊或葡萄園的名字。又例如以布根地玫瑰製成，印有名園葡萄酒標的杯墊。雖然沒有抛光處理，留下特別的手工雕琢痕跡，使得粉紅色澤隱而不顯。但是到布根地旅行，除了那些帶不走的石塊，至少還有這樣的杯墊，可以留藏這裡地底下的美味祕密。

無用的葡萄酒試酒碟

在老式的歐美高級餐廳吃飯，偶爾會見到侍酒師脖子上掛著一個閃著亮光、有如菸灰缸般的金屬碟子。我可以保證那絕對不會拿來替客人接菸灰，而是一只用來品嘗葡萄酒的試酒碟，法文稱為tastevin，代表的是侍酒師這個行業的驕傲與權威。

一家正式法國餐廳通常有三個靈魂人物，除了主廚和餐廳經理，首席侍酒師也扮演極重要的角色。他的工作並不僅是幫客人選酒、開酒、試酒、醒酒、倒酒，還要依年分與熟成適飲的狀況，挑選出一份足以和餐廳名聲及主廚菜色皆能相稱的葡萄酒單。更關鍵的是，他要讓以挑剔出名的法國人，願意用高於市價二到三倍的價格，點選酒單裡的葡萄酒佐餐，並付出高昂的服務費和小費。我想即使是騙術高明的金光黨，恐怕也很難達到這樣的境界。但你可能不知道，法國餐廳的營收，有三分之一是靠侍酒師掙來的。

tastevin常是在法國各地逛舊貨攤的戰利品，前後買過十數個，但都已經不在身邊了。圖前是最後一個送走的tastevin，已成為台灣第一屆侍酒師冠軍的獎牌。

酒評家們一再告誡我們，品嘗葡萄酒的杯子要透明無色，而且杯口要內收才能精確觀察酒色，凝聚酒的香氣。像tastevin這樣一只淺碟子，實在看不出有哪一點符合專業要求。那麼，為什麼侍酒師要掛上這樣一只連撣菸灰恐怕都不太管用的東西呢？

在只有燭光和煤油燈可以提供照明的時代，釀酒師或酒莊主特別喜愛這種金屬製成的試酒碟，特別是在大多位於地底、總是陰暗潮濕的酒窖裡，靠著金屬碟心的凹凸表面可以折射光線，即使只有幽暗燭光，還是可以清楚顯現碟中葡萄酒的顏色，釀酒師可藉此判斷橡木桶中的葡萄酒是否已經熟成。

在小酒莊林立、瀰漫傳統氣息的布根地，酒窖設備通常老舊晦暗，tastevin最為常見。以tastevin完成的桶邊試飲，似乎變成了法國人心目中參觀傳統酒窖的原型。在布根地甚至還存在一個以此試酒碟為名的騎士團兄弟會：Confrérie des Chevaliers du Tastevin，正是以推展布根地葡萄酒文化為職志。

檢查客人點的葡萄酒是否變質，或者更常見的，是否受到TCA的污染，是侍酒師重要的職責之一，胸前掛著試酒碟，可以在開瓶之後馬上試喝一下，似乎也頗實用。不過說真的，最需要檢驗的是酒的香氣而不是顏色，這樣的淺碟絕非葡萄酒聞香的最佳容器。

在鎢絲燈泡已經有一百多年歷史的今日，用tastevin試酒似乎有點太矯情。除了在歷史中隱沒，送進博物館作為對過往年代的緬懷，tastevin現在掛在侍酒師們的脖子上，其實更像是一面葡萄酒的專業勳章。也許正因為tastevin失去了實用功能，象徵傳統與專業的正當性才得以如此淋漓盡致地顯現。僅只是這份多出來的權威感，卻能讓顧客們多一分信任，於是覺得酒選得特別好，喝起來特別迷人，和菜更是絕配。

上餐廳付錢吃飯，尋找的不就是這種感受嗎？

有口皆杯的波隆酒壺

「巴瓏是玻璃的，圓肚細頸長長尖嘴，執細頸舉而傾之，酒出如幽泉。」——木心

西班牙人很會為自己找樂子，而且視法國人的繁文縟節為無用之物。波隆酒壺（Porron）能夠在西班牙一直盛行至今，就是最好的例子。這樣的葡萄酒壺所代表的，是特屬於南方的、因對生命的熱情而激發的更溫熱的人情，以及更即興的生活。也許有一點粗魯，不是很精英，但卻讓我深深著迷，而且樂在其中。

第一次見到波隆酒壺是一九九〇年代初，西班牙第一名廠Torres酒廠的玻璃櫃裡，放著一個底寬上尖的三角錐狀玻璃瓶，瓶口拉長，像個手把，瓶身側邊上另外接著一個像鳥

Javier是Briones村內的葡萄酒農，賣葡萄給酒商也自己釀酒，也是我房東太太的弟弟。我在利奧哈的時候，每個星期三晚上都會跟他與村內酒農一起喝酒，但他這招我永遠學不會。

嘴般有個細小出口的瓶嘴。他們告訴我這是一個葡萄酒瓶。那時我以為是博物館裡的歷史飲器，還仔細拍了幾張照片。沒想到下午餐酒會快結束時，波隆酒壺就活生生出現在餐桌上了，裡頭裝著Torres酒廠金黃閃亮的蜜思嘉甜白酒Moscatel Oro。

同桌的西班牙同學很熟練地提起瓶子，微仰著頭，細小的瓶嘴出口射出一道如拋物線般的金黃水柱，甜白酒滴酒不漏地傾注進微張的口中。這場面初次見識，確實有些驚人，特別這是酒莊主Miguel Torres也親自出席的餐會。伴著水滴聲，那壺金黃顏色的甜白酒還真像是對著西班牙同學的嘴巴撒尿。

接著這個波隆酒壺開始沿著長桌逐次傳到鄰座手上。我不得不承認這真是一個方便有趣的設計，只要一個壺，不用酒杯，也不用沾到別人的口水，就可以讓在場二十多個人都喝到酒，而且樂趣橫生。技高者不用仰頭即可優雅飲用，引來掌聲，但技差者噴得滿臉酒汁也有娛樂之效。

至於Torres稱為Floralis的蜜思嘉甜白酒喝來如何，反而沒那麼重要了。畢竟那麼多年前喝過的葡萄酒，現在不用翻筆記本還能記得住的實在不多。但這瓶蜜思嘉至今依然讓我印象深刻，當然更難忘的是Miguel Torres和我們這群年輕學生一起提壺共飲了這瓶傳統的加泰隆尼亞餐後甜酒。

波隆酒壺起源自加泰隆尼亞，用以取代讓西班牙葡萄酒惡名昭彰的羊皮酒壺，但在西班牙北部各地的酒鄉間也頗為常見。在利奧哈（Rioja）的Briones村，我甚至發現那是每戶葡萄農家必備的酒器，特別是在村子節慶時的戶外野餐，到處都是波隆壺，雖然一個葡萄酒杯都沒有，卻能讓人人喝得盡興。

吃喝是人生大事，分食與共食、獨飲與共飲確實意義大不同。除非真的是街頭流浪漢，不然很難在法國見到共飲一杯酒，更不要說共飲一壺酒了。倒進高腳葡萄酒杯裡喝，確實可以更精確地感受葡萄酒香氣的變化，但葡萄酒能夠帶給我們的樂趣卻不僅僅只在迷人的香氣與口感。人情交流的熱鬧氣氛，也許才是葡萄酒在西班牙鄉間生活裡必須扮演的最重要角色。

氣氛對了，喝什麼酒都好喝，這是西班牙人透過波隆酒壺教我的、最重要的一堂葡萄酒課。

年過四十之後，才發現原來買一瓶葡萄酒存放十多年，等酒成熟了再開瓶來喝，已經不再是遙不可及的夢想。至少，我家搭在院子鐵皮屋裡的酒窖，從幾年前開始，就已經陸續有一些這樣的葡萄酒了。台灣從一九九六年的第一波紅酒熱算起，至今已經十二年。那時大量湧入台灣的一九九四和一九九五年分波爾多列級酒莊紅酒，如果有適宜的地方好好善待保存，現在應該正是精彩好喝的時候。

不過，在葡萄酒的世界中，十年的時間刻度還不算漫長，再推遠一些到二十、三十年或四十年，也許才稱得上是陳年吧！我現在確實有些年紀了，但也還不至於老到有存放四十年的酒可喝。不過，買瓶已經陳放三、四十年的老酒，在歐洲其實不是特別難，在許多城市的拍賣場上，許多老酒常被當舊貨一般販售。只要不是名園名莊，價格大多非

這兩支開瓶器其實已經功成身退了，之後我還用過似乎不太耐用的Peugeot，但自從Screwpull也推出這樣的開瓶器後，我就一直用到現在。不過，如果碰到真的很老的酒，還是會請出幾乎萬無一失的Durand開瓶器。

常低廉。我的意思是，三、四十年的酒比剛上市的常常要便宜許多。

例如，一九七八年分，產自法國隆河北部Croze-Hermitage產區的Domaine de Thalabert，上個月喝起來仍相當健壯，而且神似世紀珍釀——同年分的Hermitage La Chapelle。去年我用三十六歐元標得兩瓶，一瓶只要十八歐元，二〇〇五年分的同款酒在巴黎每瓶要價現在是二十七歐元。至於一九七八的Hermitage La Chapelle現在大概價值一千兩百歐元吧！舊貨和古董的價格確實不太一樣。

脆弱不堪的老酒的確很多，一瓶壞掉的酒再便宜都不值得花錢買。不過，也有許多葡萄酒比我們想像的還要耐久，例如一些看似嬌貴的布根地黑皮諾紅酒，陳年四十多年有時還是很迷人，許多一九六一、六二、六四、六六和六九的布根地紅酒，現在都還頗為健壯。只不過，封瓶的軟木塞會隨著歲月逐漸失去彈性，甚至分解崩壞，不見得每個都可以經得起四十多年的浸泡。碰上這些酒，開瓶就變得很刺激，一來不知酒是否還健在，二來，要安全的將軟木塞從瓶口取出，不讓這些分解的木塞屑掉進酒裡，並非輕而易舉的事。

葡萄酒開瓶器發展了數百年，演化出難以數計的類型，其中，除了由德國人發明的Ah-So開瓶器，其他都離不開以螺旋錐刺穿軟木塞再拔出的方式。Ah-So以兩個一長一短的鐵片將軟木塞夾出來的奇特開瓶法，最適合用來應付老酒一穿即碎的脆弱木塞。兩支鐵片分別從軟木塞和酒瓶瓶壁內側的縫隙插入，左右搖動握柄就能讓鐵片深入瓶中，完全夾住軟木塞。然後一手握住酒瓶，一手旋轉Ah-So開瓶器並往上拉，就能完全不損害木塞，緩緩夾拉出來。

Ah-So開瓶器並非只有這項優點，在英國，它被稱為飲膳總管之友（Butler's Friend），因為貪喝好酒的管家可以此法開瓶，偷喝完瓶中好酒之後，裝入廉價劣酒充數，再以毫髮未傷的原始木塞重新封瓶蒙混。

總之，要偷喝年輕好酒或享受陳年老酒，全都可以靠這一支。

玻璃紙鎮與無法密封的橡木桶塞

參觀酒莊，順道在品嘗室旁的紀念品店採買一些葡萄酒配件，在加州也許是理所當然的事，但在講究傳統的法國，至今都還極不普遍。不過，二十年前拜訪波爾多時，就已經在五大酒莊之一的慕東堡（Château Mouton Rothschild），買到一只印有酒莊標誌的玻璃紙鎮。當然，這絕不是一般的紙鎮，而是一只如假包換、保證無法密封的橡木桶塞。

即使釀酒科技日新月異，沿襲了兩千年歷史的手工橡木桶，卻還是現今所有頂尖酒莊釀造紅葡萄酒時不能或缺的釀酒容器。拜訪全球各地的酒窖，不見橡木桶蹤影者，實為極少數。橡木桶密封卻又能滲入極微量空氣的特性，對於容易氧化，但又需藉由氧化來熟成的葡萄酒而言，除了昂貴費工之外，實在是極完美的培養容器，幾無取代之物。

製桶時燻烤加熱的手續，還讓橡木產生許多香氣分子，一旦溶入葡萄酒中，就變成了

最近去波爾多，發現用玻璃桶塞的酒莊變少了，反而在酒莊的紀念品店裡更常見到，也許再過一陣子也要變成歷史的紀念物了。

如煙燻、咖啡、香草、菸葉和巧克力的酒香，波爾多頂級紅酒中極為招牌的雪松、雪茄盒以及甘草等香氣，即使不一定來自木桶本身，但其實都跟採用的橡木桶有關聯。木桶培養之後的紅酒，香氣變得更豐富，口感更細緻均衡，會更接近珍貴佳釀該有的風味。

為防氧化及蒸發，橡木桶口大多用襯著麻布的木塞緊緊封住，現在，則以密封效果更佳的矽膠塞最普遍。不過，在波爾多，第一年剛釀好的新酒在橡木桶中培養時，一些遵循傳統釀造法的老牌酒莊，在桶口上放著的，卻大多是一只閃閃發亮，看似中看不中用、密封效果很差的玻璃桶塞。

酒精發酵時會產生許多二氧化碳，即使發酵完成了，還是會有一部分溶在釀好的葡萄酒裡，剛裝入橡木桶的初釀新酒隨著氣壓變化，常會產生氣泡，玻璃桶塞因缺乏彈性，無法密封，與橡木間的空隙剛好可以讓這些氣泡排出。如果是完全密封的塞子，可能會因積累太多氣泡而讓桶中的酒激噴出來。特別是在乳酸發酵還不太受控制的年代，葡萄農並不知道會有乳酸菌將酒中的蘋果酸轉變成乳酸和二氧化碳，如果也塞著密封的木塞，很容易出現桶中酒隨著大量氣泡滿溢出來的問題。

這樣的桶塞只有在過渡期使用，雖然會讓紅酒氧化及蒸發的速度加快一些，不過，些微的氧化對澀味重的波爾多紅酒來說其實並非缺點，而且二氧化碳比氧氣重一點，即使不是完全密閉，氧氣也不一定容易進入。至於蒸發的問題，釀酒師則會派人每周進行多達兩次的添桶。這些培養頂級傳統波爾多紅酒的木桶，在採收隔年春天即將到來前夕，才會用木塞完全密封起來。

看起來精巧美麗的玻璃桶塞，現在越來越常看到在紀念品店裡被當成紙鎮販售，不過，就跟老式培養法一樣，在波爾多的酒窖裡，卻反而越來越難得一見了。

波爾多的副產品——可露利

世界各地的美味特產，背後常有其不得不之處，如在離海遙遠的西班牙高原上，卻特別盛行來自北歐的鱈魚乾。或如波爾多的頭號甜點，則是用超量蛋黃製成的可露利（Canelé）。

到法國西南邊的波爾多旅行，飯後配咖啡的常常不是別處常見的巧克力片，而是換成外表一樣焦黑的可露利。這是一種源自波爾多，但在法國各地糕餅店、甚至連台灣法式麵包店裡都常買得到的經典甜點。外皮微焦酥脆，內部卻柔軟帶些彈性，嘗起來口感頗為獨特，如果做得好，其實相當可口。此物看似簡單家常，但製作並不容易，而且在濕度高的地方，出爐數小時後就會變潮不再酥脆，賞味還得講究時效。

可露利據傳起源於波爾多加隆河（Garonne）邊的des Annonciades修道院，在十八世

雖然隨處可見，但在波爾多城裡已經不太容易找到外酥內軟的可露利，中央廚房製作、解凍微波已漸成常態，反倒是在台灣較常吃到道地口味。

紀時由修女們所發明。波爾多港邊在當時群集相當多酒商，製作可露利的主要原料：蛋黃，正是傳統波爾多酒業的副產品。當頂級波爾多紅酒在橡木桶中經過一年多的培養之後，在裝瓶前需要進行一種稱為蛋白凝結澄清（collage）的手續，讓酒變得更乾淨澄澈，因為只需用到蛋白，於是留下大量蛋黃。

釀酒師先將分離出來的蛋白放入一種叫Bontemp的木盆裡，稍微打散後直接倒入橡木桶中，並用攪拌器攪拌。蛋白混入紅酒中會和單寧及紅色素聚凝成較大的懸浮物，然後開始沉澱，在長達一個半月的沉澱過程中，這些飄浮在酒中的霧狀物質會逐漸下沉，並黏除酒中的雜質，最後沉降到橡木桶底成為酒渣，讓酒變得更澄清。許多經過凝結澄清的葡萄酒無需過濾就可直接裝瓶。雖然麻煩費工，卻是最輕柔的澄清法之一，可保留住葡萄酒裡的珍貴香氣與口感。現在雖有蛋白粉之類的產品可以取代，但仍有老派的頂級酒莊堅持繼續採用新鮮蛋白。

通常一個橡木桶需要用到四個蛋白，一家中型城堡酒莊每年得用上至少三千多個蛋，而整個波爾多地區有多達八千家酒莊。每年到了冬季進行澄清葡萄酒的季節，酒窖每天都會多出數以百計的蛋黃。一開始，偶爾酒莊裡會有人帶一點回家做甜點，但畢竟可以忍受一整個冬季天天吃蛋黃的人並不多，特別是在名莊雲集的梅多克（Médoc），蛋黃多到必須當廢棄物處理。免費供應糕餅店做成可露利，也許才是最美味的解決方法。

最早修女們製作的可露利，是一種用豬油炸成的細薄蛋糕。現在則已精進為混合牛奶、糖、麵粉、蛋黃、香草、蘭姆酒及少量蛋白，裝入塗抹蜂蠟的銅製烤模中，經長時高溫烘焙成的獨特甜點。如果波爾多葡萄酒業有什麼稱得上是美味的副產品，那麼除了冬季葡萄園裡的山鶉，春季葡萄發芽前就得宰殺的乳羔，應該就是可露利了。

垃圾堆裡的寶藏——香檳金屬封蓋

雖然我蠻愛喝香檳的，十多年來也確實喝過不少，但始終沒到入迷的程度，甚至還更常喝香檳之外的氣泡酒，沒想到居然白白遺漏掉許多有趣的細節。上個月途經巴黎，到跳蚤市場挑撿十數個一九六〇年代的葡萄酒鑰匙圈，剛好見到賣香檳金屬封蓋的舊貨商，這才發現十多年來白白丟掉了許多能賣錢的東西。在葡萄酒的世界裡，確實不是只有能喝的部分才有價值。

香檳內常含有五個大氣壓力以上的二氧化碳，即使用特別粗大的軟木塞封瓶，還是很難防止香檳會漏氣或甚至噴出。於是香檳廠必須用金屬線纏繞瓶口以固定住軟木。不過這樣一來，開瓶變得相當困難，必須使用特製的金鉗子剪開。為了方便開瓶，一八四四年時，**Adolphe Jacquesson**發明了以預製的鐵箍（**muselet**）固定軟木塞，並且在軟木塞頂

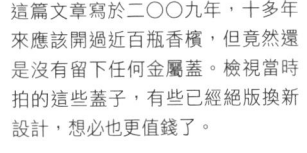

這篇文章寫於二〇〇九年，十多年來應該開過近百瓶香檳，但竟然還是沒有留下任何金屬蓋。檢視當時拍的這些蓋子，有些已經絕版換新設計，想必也更值錢了。

上與金屬線之間套上一個稱為「plaque de muselet」的金屬蓋。這個新發明讓現在香檳的開瓶更加儀式化，也更加優雅，當然也比較安全從容一些。

一開始，這個金屬蓋的功能只是為了方便，但專精於行銷與包裝的香檳酒商絕對不會放過任何一個可以創造價值的環節，於是開始在金屬蓋印上酒商的標誌，後來甚至每一款香檳酒都有特製的金屬蓋圖樣。而沒有雄厚財力的獨立小酒莊，花不起多餘的錢，只能寒酸的使用簡單印有「Champagne」字樣的公版金屬蓋。

就像郵票原本的功能並不是被收藏，卻有許多以集郵為樂、甚至為業的人，於是乎，香檳金屬封蓋也擁有許多以收集此物為嗜好的人，在法國甚至還有一個專有的法文字「placomusophilie」，意即香檳金屬封蓋的收集愛好者，估計全球有超過五萬人熱中此道，在巴黎還有多家專賣店，各地社團也經常舉辦交換活動。

為投其所好，香檳廠在特殊時機推出限量酒時，也必定會附上限量金屬蓋，甚至還不時改變金屬蓋的顏色，以及字體的大小與位置，以滿足藏家蒐集的欲望與快感。當然，這些同樣用錫製成的金屬蓋，不同的年代，不同的圖樣、材質與廠牌，因其稀有度，也就分出了身價的高低。

以最尊貴的香檳廠Krug為例，無年分的標準瓶金屬封蓋（直徑三公分）一個約值兩歐元，已經比一般香檳廠自半歐元起跳高貴許多。如果是有年分的Krug封蓋，如八八年，則可值三歐元。但同樣是八八年分，兩瓶裝的金屬封蓋（直徑三．三公分）較為稀有，身價卻可達十歐元。也同樣是八八年分兩瓶裝，Krug的單一葡萄園香檳Clos du Mesnil的金屬封蓋則有二十五歐的行情。

至於Krug另一限量三千瓶的單一葡萄園香檳Clos d'Ambonnay，一九九五年分標準瓶要價兩千歐元，其金屬封蓋在e-bay上拍賣，賣家可以放膽以一百歐元起標，跟買一瓶七五〇毫升、剛上市的二〇〇〇年Dom Pérignon香檳王同價。有錢人家的垃圾確實比較值錢。

下回到時髦的香檳吧喝一杯時，不妨翻翻吧台下的垃圾桶吧！

旅行者的酒瓶——羊皮酒囊

玻璃瓶作為葡萄酒的容器，是這兩世紀的事，在此之前，葡萄酒大多裝在橡木桶中運輸，酒館也是整桶採買，客人點酒時再倒進陶瓶中端上餐桌。橡木桶雖然密封效果頗佳，還能增進葡萄酒的風味，但是一旦開桶飲用，很快就會開始氧化變質。同時，笨重的木桶雖然方便滾動，但對騎驢騎馬或甚至步行的旅行者確實非常累贅。

在更早的希臘羅馬時期，葡萄酒大多裝在尖底陶瓶中，用陶土將瓶口封住。幾乎地中海沿岸各地都發現過希臘尖底陶瓶的遺跡，顯然是頗適船運，除了裝葡萄酒也可裝橄欖油，但一樣搬運不易且有落地破碎的風險。西班牙也曾經使用過這兩種容器來運輸葡萄酒，但是在西班牙中部的拉曼恰（La Mancha）高原上，還曾經通行過另一種極為獨特、非常適合攜帶的葡萄酒容器——羊皮酒囊（bota de vino）。

這個收藏品級的羊皮酒囊是在Valdepeñas產區的Félix Solis酒廠見到的，不過當天參觀的主題，其實是這家年產上億瓶酒莊令人嘆為觀止的高科技倉儲物流系統。

唐吉訶德應該是這種葡萄酒容器的代言人，在塞萬提斯的小說中，幻想自己是騎士的唐吉訶德帶著酒囊四處旅行，還曾在一場他夢想中的最偉大戰役裡，將這些用整片羊皮製成，還保留著羊的身體、頸部與四肢形狀的酒囊，當成是一群巨人，用長劍將裝滿紅酒的羊皮囊一一刺穿，噴流出的巨人血液，應該就是顏色如血般鮮紅的拉曼恰紅酒吧。

拉曼恰是一片氣候極端、廣闊無際、乾燥荒涼的內陸高原。除了種植耐乾熱的葡萄跟橄欖樹，大概就只能養一些羊。口味濃重的綿羊奶乳酪Manchego是本地特產，也是西班牙最知名的乳酪，在馬德里的每一家酒館跟餐廳都吃得到。綿羊皮柔軟卻不容易破裂，比其他動物的皮更適合用來裝液體，除了需經單寧鞣化處理，為了防止滲漏，在製作時皮囊內會灌入加熱成液狀的樹脂，等冷卻凝固後就能裝葡萄酒了，質輕好運送也不會打破，而且用久之後，即使有滲漏的地方，只要加熱讓樹脂融化再凝固，就可以再度使用，相當方便。

但這樣的酒喝起來會是什麼滋味呢？儲存較久之後，酒囊中的樹脂會滲進酒中，讓酒的味道變得怪異粗獷，很不可口。拉曼恰的葡萄酒曾經因為有著瀝青般的樹脂怪味，在歐洲其他地區不太受歡迎。還好後來發明了以軟木塞封瓶的玻璃酒瓶，才讓全球各地都能喝到柔和可口、濃厚多香，而且非常便宜的拉曼恰紅酒。

羊皮囊袋後來演化成較小型、更便於攜帶的酒壺，現在在西班牙的紀念品店裡還頗容易買到，有些手工製作的酒囊內外仍然塗著一層黑色樹脂，要體驗這種西班牙荒涼高原上的古老滋味其實並不太難。不過，強烈建議在使用之前要先裝入廉價紅酒浸泡數日，倒掉這些沾染怪味的酒之後再開始使用。

更重要的是，請謹記這樣的皮囊是專為葡萄酒設計的，千萬不要當水壺用，發臭的水絕對比有樹脂味的紅酒更難以入口。

葡萄酒的時光機

也許，這世界上最難搞定的，大多是有生命的東西，因為自有進程，很難全都如心所願。家有小孩的人應該最能體會吧。我沒有小孩，卻有近千瓶也自有生命進程的葡萄酒。我總相信，生命都該順其自然才能見出真正美貌，但卻又像大部分父母一樣，總忍不住要插手揠苗助長。

耐心，確實是人性最大的考驗。

葡萄酒雖無保存期限，卻有適飲期的問題。許多葡萄酒專家常會在一瓶葡萄酒上市時，依據酒的特性評估適合開瓶飲用的時間。平價的日常酒款通常可即飲，但高級一些的酒要達適飲期再喝，通常短則一、兩年後，長一些的可能要十數年之久。相信有人會跟我一樣非常想問，既然還未適飲，為何要早早上市？至今我還沒勇氣向酒莊主們詢問

到歐洲旅行，記得留個一分錢的小銅幣，遇到有腐蛋般的還原氣味，可以丟進酒裡試試。如果遇到封閉的酒，有時也有效。至少跟這只近萬元的醒酒開瓶器不會相差太遠。

這個疑惑。不過可以想見的是，催熟尚未適飲的葡萄酒也許不符自然，卻是一種需求，也是一種商機。

沒有耐心為一瓶酒等上十年的人，如果想避開總是喝太早的無奈，現在已經有非常多葡萄酒配件提出解決方案。例如噴泉般的漏斗，讓葡萄酒倒入之後能分流滴落醒酒瓶中；或如形狀彎繞扭曲，讓葡萄酒蜿蜒流入醒酒瓶的各式曝氣器；也有宣稱用可呼吸的玻璃材質做成的葡萄酒杯，倒入杯中兩分鐘，有如醒酒一小時；或者更精密些，靠著流體力學原理，引進更多空氣混入酒中的快速醒酒器Vinturi，在它的說明書上寫著，處理一次之後，就能有一到二小時的醒酒效果。

現在，葡萄酒器專賣店裡，不時可以看到這些號稱能加快熟成速度的飲酒配件，經年來推陳出新，種類琳瑯滿目。功能最神奇，或者，也最像騙局的Clef du Vin，是一個鑲有不明材質金屬片的醒酒匙，號稱只要泡入酒中一秒鐘，就可達到一年的陳年效果。「我想可能是含有銅吧！」有位布根地的女釀酒師說，銅可以加速氧化，放一分歐元的銅板到酒杯裡就會有類似效果。

這些葡萄酒加速熟成器，運用的原理其實都頗為類似。氧化是葡萄酒熟成的關鍵，白酒氧化後會產生更多香氣，酸味也會變得更溫和，而紅酒在氧化之後，除了香氣改變，澀味也會變得較柔和。這些器具都跟醒酒瓶一樣，讓開瓶後的酒跟更多空氣接觸，只是方式更激烈，讓還不適飲的葡萄酒能氧化得更快一些。

其實，氧化也經常用在葡萄酒的培養技術上，傳統的橡木桶培養正是利用木桶的透氣性讓氧氣滲入酒中。新近流行的微氧化（micro-oxygenation）或更先進的奈米氧化（nano-oxygenation）技術，是以多孔陶瓷將極微細的氧氣分子直接打入葡萄酒中，可以讓釀酒師更快速與精確地微氧處理紅葡萄酒，降低澀味，讓酒更順口易飲，不過也可能因此讓酒變得不耐久放。

也許，當有了這些催熟酒器，時間可以不再是葡萄酒陳年的原料。但是，被這些葡萄酒的時光機所抹去的，是唯有陳年葡萄酒才有的時光滋味，至少在我看來，那才是葡萄酒最迷人的地方。

請把醒酒瓶傳回來

英國人喜歡在飯後喝杯波特酒，特別是在老一輩的生活圈子裡。年分波特（Vintage Port）是一種只在好年分生產、味道特別濃縮的波特酒，釀造後不經過濾很快就裝瓶，年輕時雖然很甜，但澀味也重，通常要經過十幾二十年以上的瓶中培養才能成熟適飲。因為酒很濃，沉澱的酒渣也特別多，一定要前一天就將酒瓶直立沉澱，開瓶後還要小心地先過瓶到醒酒瓶中，除掉瓶底的沉澱物。也因此，到了適飲期的年分波特，最後都是以醒酒瓶上桌。

在依然保留著許多過時的繁文褥節的英國餐桌上，餐後喝波特酒時，主人會拿起醒酒瓶，先為右邊的客人倒酒，然後把酒瓶遞給左邊的客人，重複跟主人一樣的動作。醒酒瓶依序往左遞傳，繞完全桌一圈後，即使大家都不為自己倒酒，也都有酒可喝。波特的

在英國境外要買到Hoggett醒酒瓶並不容易，這一個卻是在波爾多的Ch. Larrivet Haut-Brion見到的。莊主也同時擁有法國以生產果醬聞名的Bonne Maman。不知他們是否也常玩英國人的餐桌遊戲。

英文名跟港口同字同音，而這種喝波特的習俗據說起源自英國皇家海軍，有一港過一港的意思。

不過，酒瓶沿著餐桌傳遞，中途常會因故停頓下來，可能是因為談興正高，也可能是想留在身邊多喝幾口，或者是碰到像我這種根本不知此習俗的外國賓客，也或者，只是單純忘了傳。總之，酒瓶轉一圈常常耗時頗久，最常發生的是傳到某賓客處，就被擺置桌上完全停著不動，離主人比較遠的客人也只能望著空杯興嘆。畢竟搶著拿酒瓶倒酒，對紳士淑女來說都會顯得有些失禮。現在你應該知道，不當英國人有多幸福了。

為了免除這種喝不到酒的困擾，英國人特別發明了一種稱為Hoggett的醒酒瓶，來破解這個只有英國人才有的煩惱。其特別之處在於醒酒瓶底座和瓶身是分離的，而且關鍵就在於瓶身底部設計成無法放置在桌上的圓球形。只要醒酒瓶一離開放在主人身邊的底座，保證傳遞中途不會停留，很快就能轉一圈回到主人身邊。

不過，我卻是在葡萄牙的波特酒產區裡當了白目客人之後，才見識到這種煩人禮節與Hoggett醒酒瓶的妙用。在產區第一天的晚餐，一瓶已經換瓶的一九七〇年分波特，從右手邊來自挪威的某位雜誌總編輯交到我的手上，我很自然地幫自己倒了半杯之後，隨即傳給左邊的酒廠經理。

在葡萄牙的波特酒圈子裡，三百多年來幾乎都還是英國人的天下，除了少數荷蘭、法國與葡萄牙酒商外，最精英的波特酒商如Warre's、Croft、Taylor's、Dow's、Quarles Harris、Offley、Cockburn、Graham's和Churchill，全都是英國家族的名字。到此拜訪酒商最好還是先預習一下英國人的陋習，同時也要能像那位挪威的雜誌總編輯，勇敢的告訴左邊的鄰座：「先生，您忘了幫我倒酒了！」

飲饌風流 101

弱滋味

開瓶之後，葡萄酒的純粹回歸（經典修訂版）

作者／林裕森

總編輯／王秀婷
主編／洪淑暖
版權／徐昉驊
行銷業務／黃明雪、林佳穎

發 行 人／凃玉雲
出　　版／積木文化
104台北市民生東路二段141號5樓
官方部落格：http://cubepress.com.tw/
電話：(02) 2500-7696　傳真：(02) 2500-1953
讀者服務信箱：service_cube@hmg.com.tw
發　　行／英屬蓋曼群島商家庭傳媒股份有限公司城邦分公司
台北市民生東路二段141號11樓
讀者服務專線：(02)25007718-9　24小時傳真專線：(02)25001990-1
服務時間：週一至週五上午09:30-12:00、下午13:30-17:00
郵撥：19863813　戶名：書虫股份有限公司
網站：城邦讀書花園　網址：www.cite.com.tw
香港發行所／城邦（香港）出版集團有限公司
香港灣仔駱克道193號東超商業中心1樓
電話：852-25086231　傳真：852-25789337
電子信箱：hkcite@biznetvigator.com
馬新發行所／城邦（馬新）出版集團
Cite (M) Sdn Bhd
41, Jalan Radin Anum, Bandar Baru Sri Petaling,
57000 Kuala Lumpur, Malaysia.
電話：603-90578822　傳真：603-90576622
email: cite@cite.com.my

美術設計／楊啟巽工作室
製版印刷／上晴彩色印刷製版有限公司

2013年7月1日 初版一刷
2021年9月2日 二版一刷
Printed in Taiwan.
售價／520元
ISBN 978-986-459-305-7

國家圖書館出版品預行編目資料
弱滋味：開瓶之後,葡萄酒的純粹回歸(經典修訂版)/林裕森著. – 二版. -- 臺北市：積木文化出版：英屬蓋曼群島商家庭傳媒股份有限公司城邦分公司發行, 2021.09　面；　公分. --(飲饌風流；101) ISBN 978-986-459-305-7(平裝)　1.葡萄酒
463.814　110006658